肉鸽
养殖致富指导

ROUGE YANGZHI ZHIFU ZHIDAO

韩占兵　邱荣超　编著

中国科学技术出版社
·北 京·

图书在版编目（CIP）数据

肉鸽养殖致富指导 / 韩占兵，邱荣超编著 . —北京：
中国科学技术出版社，2017.6
ISBN 978-7-5046-7498-2

Ⅰ.①肉… Ⅱ.①韩… ②邱… Ⅲ.①肉用型—鸽—饲养管理
Ⅳ.① S836

中国版本图书馆 CIP 数据核字（2017）第 094825 号

策划编辑	乌日娜	
责任编辑	乌日娜	
装帧设计	中文天地	
责任校对	焦　宁	
责任印制	徐　飞	

出　　版	中国科学技术出版社	
发　　行	中国科学技术出版社发行部	
地　　址	北京市海淀区中关村南大街16号	
邮　　编	100081	
发行电话	010-62173865	
传　　真	010-62173081	
网　　址	http://www.cspbooks.com.cn	

开　　本	889mm×1194mm　1/32	
字　　数	138千字	
印　　张	5.75	
版　　次	2017年6月第1版	
印　　次	2017年6月第1次印刷	
印　　刷	北京威远印刷有限公司	
书　　号	ISBN 978-7-5046-7498-2 / S·634	
定　　价	22.00元	

Contents 目 录

第一章

肉鸽生产概况

一、肉鸽养殖历史与现状

（一）肉鸽养殖历史

家鸽（Aplopelia Bonaparte）是由野生原鸽经过人类长期驯化而来。据我国已知最早养鸽专著《鸽经》记载，3 000 多年前的春秋战国时代，我国就开始了鸽子的人工饲养。到了清代，广州当地饲养了一种"地白"鸽，不善飞翔，其实就是肉鸽。肉鸽在我国规模化饲养，源于 20 世纪 80 年代后期，到了 20 世纪 90 年代以后，肉鸽业在我国得到了迅速发展，逐步成为特禽业中的热门产业，现在肉鸽已经成为继鸡、鸭、鹅之后的第四大家禽类型。在我国南方和东南沿海地区率先引进、饲养肉鸽，现全国范围内已相当普遍，肉鸽产品得到了广大消费者的认可。广东省是肉鸽传统的消费区域，而且紧邻香港、澳门两大肉鸽消费地，是我国肉鸽产业发展最早的省份。1980 年建立的广东省光明农场大宝鸽场是我国最早建立的肉鸽规模饲养场。目前，各地宾馆、饭店不断推出以肉鸽为特色的菜肴，使鸽肉的需求量不断增加。2010年以来，鸽蛋的消费也开始崭露头角，成为肉鸽养殖新的增长点。

（二）我国肉鸽养殖现状

经历了 2013 年 H7N9 疫情的影响，肉鸽产品销售锐减。2014 年后，肉鸽产业经历了优胜劣汰，重新洗牌，规模化企业得到了发展机遇，肉鸽产品价格逐步回升，并达到历史高位，养殖效益显著，我国的肉鸽饲养业进入新一轮快速发展时期。据不完全统计，2015年全国种鸽存栏3000多万对，年产乳鸽总量达到5亿只，计重量20万吨。部分肉种鸽转化成为蛋鸽生产，专门化蛋鸽年存栏量1000万对左右，年产商品鸽蛋6亿枚。我国各地种鸽存栏1万～10万对的大型企业已达百余家，存栏3000～5000对种鸽的中型企业在各省（市）农村中已很普遍，肉鸽养殖业已成为我国特种养殖业的支柱产业。

广东省作为我国肉鸽养殖第一大省，肉鸽存栏量达1500万对，年产乳鸽2.7亿只，占到全国的50%。广州市白云区、花都区、增城市肉鸽存栏都超过100万对，肉鸽养殖是广州市最具特色的养殖业，是广东省肉鸽养殖最集中的地区。广州市年消费乳鸽量就达到4000万只。深圳市种鸽存栏37万对，年产乳鸽607万只。

江苏省肉鸽存栏500万对，仅次于广东省，在江苏省肉鸽业协会的带动下，肉鸽标准化规模化饲养走在全国前列。上海市是传统的肉鸽养殖、消费地区，肉鸽养殖业是上海城郊型畜牧业的重要组成部分，全市肉鸽年存栏量150万对，每年肉鸽消费量约1500万只，然而本地只能供应一半左右，其余都靠外地供货。据2013年调查统计，上海市存栏肉鸽1万只以上或具备动物防疫合格证的养鸽场（户）有89家，其中大中型肉鸽养殖场（存栏种鸽5000对以上）30家，主要集中在浦东新区、奉贤、嘉定、金山、崇明五区（县）。湖南、山东、海南、浙江、河南等省肉种鸽存栏量都达到200万对以上，并且呈现产销两旺的局面。2014年以来，乳鸽价格在每只20元以上，养殖效益显著。其他养殖量较大的省（市）有河北、湖北、江西、北京等省（市）。

鸽蛋以其独特的营养、保健功能成为肉鸽养殖新的增长点，在我国南方及东南沿海城市已经形成稳定的鸽蛋消费市场，产品供不应求。目前，肉鸽消费已经不再是餐桌上的奢侈品。在广东、广西、海南、安徽、江苏、上海等省（市）肉鸽养殖已形成一定的区域性生产基地。肉鸽养殖业的崛起和快速发展引起了家禽行业和科研院校的重视，并积极制定、开展肉鸽产业相关的科研计划与调查，以此来配合和促进中国肉鸽养殖业更好、更快的发展。随着人们生活水平的提高，对乳鸽、鸽蛋的需求量逐年增加，肉鸽业将得到平稳的发展，是特禽养殖业中最具潜力的产业。但目前肉鸽市场还存在良种率不高、品种老化和饲养管理水平不高等问题，同时规模化、集约化水平还有待提高。

二、肉鸽的外貌特征与生活习性

（一）肉鸽的外貌特征

鸽子属于小型陆生禽类，外貌有别于鸡、鸭、鹅等家禽。鸽子头部圆球形，无冠髯，羽毛覆盖面部。鸽子鼻孔上方皮肤柔软而膨胀，称为鼻瘤或蜡膜，鼻瘤大小可以用来鉴别品种以及公、母，同一品种公鸽鼻瘤较大；年龄较大的鸽子鼻瘤变得很粗糙。鸽子颈部灵活，可以自由转动。鸽子眼圆，视力敏锐，眼睛周围有裸露的皮肤，称眼环。鸽子脚趾发达，脚上有四趾（三前一后），趾端具爪。鸽子脚趾红色，胫部及趾部均覆盖有角质状鳞片，可以根据脚趾颜色深浅、鳞片粗糙程度来辨别年龄。肉鸽经过长期的定向选育，体型变大，肌肉丰满，原来纺锤形的体型已不复存在。肉鸽翅膀宽大，翼羽发达，有一定飞翔能力，需要关笼或围网饲养，防止飞走。肉鸽各部位名称见图1-1。

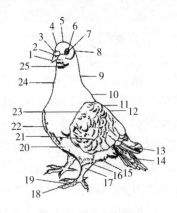

图1-1 肉鸽各部位名称

1.喙 2.鼻孔 3.鼻瘤 4.前额 5.头顶
6.眼环 7.眼球 8.后头 9.颈 10.肩
11.背 12.鞍 13.主翼羽 14.尾羽
15.腹部 16.踝关节 17.胫 18.爪
19.趾 20.胸 21.翼 22.胸前
23.肩羽 24.颈前 25.咽部

鸽子羽色多种多样，如白色、黑色、绛色、灰二线、雨点等。同一品种可有几种不同的羽色。作为肉鸽，白色羽最受欢迎，尤其是白条鸽销售。有色羽肉鸽在部分活禽市场受到欢迎。

（二）肉鸽的生活习性

图1-2　刚出壳的幼鸽

1. 晚成雏　鸟类根据刚孵出的雏鸟形态和雏鸟生活力大致分为早成雏与晚成雏两类。鸡、鸭、鹅等传统家禽均属于早成雏，一出壳即能独立活动、觅食。而肉鸽是目前家禽中唯一属于晚成雏的类型。刚出壳的幼鸽，体表只有少量纤细的绒毛，眼睛还没有睁开，腿脚软弱无力，不能站立，不能独立觅食，需要亲鸽哺喂才能成活（图1-2）。

2. 单配制　肉鸽长到6月龄后，身体发育成熟，可以进行交配、产蛋、孵化等繁殖过程。肉鸽的繁殖需公母配对后才能进行，严格遵循1∶1的性别比例，多只种鸽放入同一繁殖笼中会相互打斗，不能繁殖后代。成年鸽对配偶是有选择的，一旦配对后，总是亲密地生活在一起，"夫妻"关系比较持久，通常能保持终生。父、母亲鸽共同承担筑巢、孵卵、哺育乳鸽、守卫巢窝等职责。

3. 素食性　肉鸽为素食者，喜欢吃植物性饲料，而且喜欢采食颗粒状的原粮，如整粒的玉米、豌豆、小麦、高粱等。如果将原粮粉碎饲喂，就会出现厌食现象，采食量下降，影响正常的产蛋和哺喂。除了喂给原粮外，肉鸽需要饲喂保健砂，用来补充矿物质、微量元素的不足，同时满足嗜盐性。另外，保健砂中的沙砾在肌胃中可以磨碎吃进去的原粮，帮助消化，缺乏时会使消化率下降25%～30%，粪便中会出现整粒原粮。所以，在肉鸽的保健砂中应加入15%～30%的河沙。

4. 群居性　肉鸽的群居性较强，喜欢大群觅食活动，很少独来独往。生产中青年种鸽常常大群饲养，很少发生争斗行为，能够和平相处。估计"和平鸽"的称号由此得来。肉鸽长到3～4月龄以后，随着鸽群逐渐进入性成熟，偶尔会因为争夺配偶而发生一些摩擦，但总有一方会妥协走开，而不会做殊死搏斗。肉鸽生产中，为了方便管理，种鸽繁殖期一般进行单笼饲养，一公一母上笼配对，减少其他鸽子的干扰，提高了种蛋的孵化率和乳鸽的成活率。肉鸽对外界环境较为敏感，日常管理要求安静，刮风下雨天要关闭门窗。日常尽量降低饲养员人为因素的干扰。饲养员查栏、并蛋、乳鸽并窝及捉鸽的动作需温和，还要定时灭鼠、灭蚊，减少鼠、蚊对种鸽的干扰。

5. 好洗浴　肉鸽特别喜欢洗浴，包括水浴或沙浴，保持身体干净，同时清除体表的寄生虫（羽虱、螨等）。青年鸽群养时，饲养场地地面要设置一个专用洗浴池或浴盆，水深10～15厘米，每天早晨清洗水池，更换清洁的水。笼养种鸽也要定期抓出，人工辅助洗浴，清除体表寄生虫。用沙池代替水池，同样可以起到清洁羽毛的作用，在沙中放入硫磺粉，用以清除体表寄生虫。群养鸽饮水器最好采用封闭式饮水装置，避免鸽子进入洗澡，饮到脏水而发病。

6. 繁殖周期性　肉鸽的繁殖具有明显的周期性，一个繁殖周期只产蛋2枚，1年有6～12个繁殖周期。肉鸽的繁殖过程包括配对、筑巢、产蛋、孵化、育雏等环节，其中产蛋、孵化、育雏为1个周期。种鸽笼养时，产蛋平均间隔大约为45天，最短仅30天（为高产鸽），最长可达到60天（为低产鸽）。繁殖周期长短受季节影响，春、夏季产蛋间隔短，秋、冬季产蛋间隔长。肉鸽养殖一定要做好每对种鸽的产蛋记录与乳鸽生产记录，发现由于遗传原因、年龄因素造成的产蛋间隔延长或不产蛋要坚决淘汰。随着年龄的增长，种鸽的产蛋间隔会逐渐延长，要根据生产记录淘汰老龄低产鸽。肉鸽的孵化期为18天（从产下第一枚种蛋算起），父、母亲鸽轮流孵蛋，共同完成孵化任务。乳鸽出壳后，需要亲鸽哺喂 25 ～ 28 天即可离巢，一个繁殖周期结束。肉鸽的孵化率与乳鸽成活率均较高，每对种鸽年产乳鸽数可以达到 8 对左右，高产种鸽甚至达到 10 对以上。

7. 嗜盐性 肉鸽的祖先（原鸽）长期生活在海边，常饮海水，故形成了嗜盐的习性。如果肉鸽的日粮中长期缺盐，会导致肉鸽的繁殖产蛋、生长等生理功能紊乱，出现病态。每只成年种鸽每天需盐 0.2 克左右，食入过多会引起食盐中毒。肉鸽由于采食原粮饲料，食盐的供给主要是通过保健砂，一般食盐量占到保健砂的 4%～5%。

8. 栖高性 鸽子作为一种陆生禽类，野生状态下其天敌较多，需要在高处栖息来躲避敌害，特别是在夜间休息时，因此形成了栖高习性。肉鸽除了采食、饮水、求偶交配时会飞到地面，平时休息、梳理羽毛均喜欢在高处，也喜欢在高处筑巢，保证鸽蛋与幼鸽的安全，绝不会将巢做在地面。青年鸽大群饲养时，需要在舍内、舍外设置栖架，满足其栖高性。种鸽繁殖阶段适合笼养，在笼中较高处设置巢盆，保证安静孵化与育雏。

9. 适应性强 野生原鸽分布较广，热带、亚热带、温带和寒带均有分布，肉鸽经过人工驯化以后，仍然对周围环境和生活条件有较强的适应性。肉鸽养殖在我国南方、北方均能进行，对场地的要求也不高。肉鸽具有较高的警觉性，若受天敌（鹰、猫、黄鼠狼、老鼠、蛇等）侵扰，就会发生惊群，极力企图逃离饲养场地与笼舍，逃出后便不愿再回笼舍栖息。肉鸽养殖在全国各省（市）得到了快速发展，均取得了成功，这与肉鸽较强的适应性密不可分。肉鸽养殖是一项容易取得成功的产业。但生产中要注意，酷暑、严寒、潮湿对种鸽生产均会造成不利影响。炎热易引起鸽中暑，寒冷影响孵化，易冻伤、冻死乳鸽；连续阴雨潮湿天气，乳鸽易腹泻，羽毛脏、松、乱，疾病增多，死胚蛋增多。

10. 驭妻性 鸽子配对筑巢后，公鸽就开始迫使母鸽在巢内产蛋、孵化。如母鸽在孵蛋的过程中离巢，公鸽会不顾一切地追逐母鸽，让其归巢孵蛋，不达目标绝不罢休。这种驭妻行为的强弱与其高产性能有很大的相关性。生产中常常会见到驭妻性太强的公鸽对母鸽啄咬，造成母鸽受伤，甚至头破血流。留种时要避免驭妻性太强的公鸽。

三、肉鸽的经济价值与养殖优势

（一）肉鸽的经济价值

1. 肉用价值 肉鸽体格硕大，早期生长速度快，饲养的主要目的是获取鸽肉产品，满足人们对优质禽肉的需求。乳鸽是肉鸽生产的主要产品，是指 25 日龄左右（23～28 天，不同地区、不同加工方法要求上市时间不同）上市供人们食用的商品肉鸽。乳鸽肉质优良，胴体丰满，可烹饪成各式菜肴。鸽肉以其独特的风味口感、营养丰富、无药残、方便烹饪、体型大小适中，受到消费者的普遍欢迎，特别是乳鸽的家庭消费越来越普遍。乳鸽的内脏器官比重很小，可食用部分比例高。据河南牧业经济学院养禽实验室测定，23～25 日龄乳鸽的屠宰率 87% 以上，半净膛率达 78% 以上，全净膛率达 66% 以上（图 1-3）。

图 1-3 上市的乳鸽

鸽肉营养丰富，蛋白质含量高达 24.47%，含有人体所必需的氨基酸，且容易消化吸收。乳鸽脂肪含量适中，不饱和脂肪酸比例高，脂肪在皮下、肌肉间分布均匀，适合烤、烧、焗等加工方法。鸽肉所含的钙、铁、铜等微量元素及维生素 A、维生素 E、B 族维生素都比鸡、鱼、牛、羊肉含量高，民间素有"一鸽胜九鸡"之说，虽然有所夸张，但可见人们对其营养价值之高的认可。

2. 蛋用价值 鸽蛋外观独特，蛋壳洁白如玉，蛋重 25 克左右。鸽蛋营养丰富，蛋白比例高于其他禽蛋，富含优质蛋白质。煮熟的鸽蛋蛋白晶莹剔透，口感细腻、筋道，风味独特，完全不同于其他禽蛋，容易消化吸收，深受美食家的推崇。鸽蛋蛋黄中卵磷脂含量丰富，是人体大脑必需的营养成分，对预防老年痴呆具有很好的保健作用。据中国农业科学院家禽研究所测定，双母配对所产鸽蛋蛋白含量 13.41%，脂肪含量 7.13%，卵磷脂含量 4.55 克 /100 克，胆固醇含量 467.67 毫克 /100 克，钙含量 379.53 毫克 /100 克，铁含量 41.3 毫克 /100 克，磷含量 1.64 克 /100 克，锌含量 6.68 毫克 /100 克，锰含量 0.38 毫克 /100 克，铜含量 0.59 毫克 /100 克，硒含量 0.16 毫克 /100 克。由于肉鸽吃的是五谷原粮和天然保健砂，因此鸽蛋中无药残，更显得鸽蛋的珍贵。近年来，在我国东南沿海与南方发达地区（如广州、温州、香港），以及韩国等东南亚国家都流行吃鸽蛋，鸽蛋是继乳鸽之后又一兴起的肉鸽养殖消费产品。例如，在浙江温州一带，民间吃鸽蛋很盛行，妇女怀孕、生小孩以及幼儿阶段都常食鸽蛋，因此全国以浙江省消费鸽蛋最多，至今已形成庞大的鸽蛋消费市场。目前，国内有养殖企业专门饲养蛋鸽，不进行孵化，新鲜鸽蛋直接供应市场，每枚鸽蛋价格平均可达 3～4 元。在广州，鸽蛋主要在酒店消费，做高档菜式和高级甜品，市场收购价高达每千克 80～120 元。国内已有公司开发高级鸽蛋礼品包装产品，每盒 30 枚鸽蛋的礼品包装可卖 100 多元，可见鸽蛋产品市场一般以高档食品开发销售。鸽蛋除了食用外，用鸽蛋蛋白做成的化妆品是一种特别有效的美容品，在广东直接用蛋白做面膜也很受年轻女性喜欢。

3. 药用价值 我国传统中医认为，鸽肉性平，味咸，入肝、肾经，具有补肝益肾、益气补血、健脑补神、生津止渴等功效，对病后体弱、血虚闭经、头晕神疲、记忆力衰退有很好的食疗作用。《本草纲目》中记载"鸽羽色众多，唯白色入药"，而肉鸽品种主要以白色为主。乳鸽的骨内含有丰富的软骨素，经常食用具有增强皮肤细胞活力与皮肤弹性，改善血液循环等功效。鸽肉含有丰富的B族维生素，对毛发脱落、毛发变色、贫血、湿疹也有很好的辅助治疗作用。鸽肉可促进体内蛋白质的合成，加快创伤愈合，对产妇和手术患者有促进恢复的功效。

鸽蛋味甘、咸，性平，具有补肝肾、调益精气、滋阴补阳、润肌肤等功效。鸽蛋含有优质的蛋白质、磷脂、铁、钙、维生素A、维生素B_1、维生素D等营养成分。儿童多吃鸽蛋可以提高免疫力，有助于大脑的发育。剖宫产产妇食用鸽蛋，能促进伤口的愈合，减轻伤口的疼痛。用鸽蛋蛋白做面膜可以有效地预防并祛除青春痘、去除黄褐斑，具有嫩肤、美白的功效。

4. 广场鸽 在城市的广场上，经常会见到市民与白鸽相依相伴，和谐相处，广场鸽与人们一起嬉闹、游玩，与游人融为一体。其实绝大多数的广场鸽就是肉鸽品种，它们不善高飞，性情温顺。回归大自然是现代都市人群休闲度假的一种新时尚，广场鸽作为人类更加文明向上，人与自然的完美、和谐和统一，越来越受到城市人们的喜爱和欢迎。

5. 鸽粪的利用 鸽粪主要用来生产有机肥。肉鸽消化道短，排粪频繁，鸽粪中有机质及氮、磷、钾含量高，是生产有机肥料的很好原料，对植物病害有很好的预防作用。在国外鸽粪当做肥料种植瓜果蔬菜，深受消费者欢迎。在肉鸽生产过程中会产生大量的鸽粪，鸽粪经发酵制成高档优质有机肥料或进一步制成生物复合肥，可以为养鸽场增加经济效益，同时减少了粪污排放。据测定，每对肉种鸽年产鲜粪38千克左右，万只养鸽场年产鲜粪380吨，可生产有机肥130多吨。

[案例1] 肉鸽产品综合经营效益高

浙江省江山市峡口镇养鸽业已成为当地农户重要的收入来源，年产值达1230万元，利润720万元。2008年1月成立的江山市和平鸽养殖专业合作社，为养鸽农户提供产、供、销"一条龙"服务，目前社员已发展到107户，养殖规模达6万多对。合作社注册了"峡里风"商标，社员的鸽蛋实行统一包装、销售。鸽蛋主要销往温州市场，乳鸽销往福建一带。1个专业户养鸽3000对，1年能净赚15万元。合作社社长管忠成在养鸽之前，曾在杭州当了8年的建筑包工头，手下干活的人有200多人。2000年回到家乡江山市峡口镇，刚开始是帮哥哥办厂，之后又搞了1年货运，结果亏本20多万元。一天，他看电视上介绍养鸽致富的事迹，萌发了养鸽赚钱的念头。2004年，他投入10多万元，搭建了鸽棚，到福建省龙游市购买来1000对鸽种开始自繁自养，逐步扩大规模。管忠成养鸽善于随市场变化来调整经营方式，每年9月份开始鸽蛋价格开始上涨，管忠成就专门出售鸽蛋，春节期间1枚鸽蛋最高能卖到3.8元；每年3月份鸽蛋价格开始下跌，他就改卖乳鸽，并且选留种鸽出售。管忠成意识到"鸽子全身都是宝，除了卖鸽蛋、乳鸽，鸽粪还是喂鱼的好饲料。"他承包的两口水塘，用鸽粪养鱼，鱼塘1个月要消耗七八十袋鸽粪，养鱼额外收入1万多元。

专家点评：

产品多种经营，带动养鸽致富。长期以来肉鸽养殖主要以出售乳鸽为主，产品单一，市场波动较大。浙江省肉鸽业紧跟当地鸽蛋市场需求，在国内率先推出鸽蛋包装产品，开拓了肉鸽养殖增收渠道，培育了肉鸽养殖新的利润增长点。管忠成利用鸽粪养鱼，变废为宝，发展循环农业值得借鉴。发展特种养殖，开拓销售渠道、开发新产品是养殖增收的关键。

（二）发展肉鸽养殖的优势

1. 种鸽利用年限长　鸽子属于晚成雏、单配制自繁禽类，养殖户饲养的成年鸽称为种鸽。种鸽的可利用繁殖年限长，一般为5～7年，最长可以达10年。5岁以上的种鸽繁殖性能开始逐年下降，但是也有个别种鸽7～8岁仍能保持较强的繁殖性能。因此，肉鸽养殖一次引种、多年受益，一般引种1~2年就能收回引种费用，养殖户每饲养1000对种鸽，每年可以获得纯收入5万~10万元。

2. 适应性强、设备投资少 肉鸽适应性强，在我国各个地区均可饲养。南、北方由于气候条件差异大，在鸽舍设计上不同，在管理上也要有针对性，南方以通风防潮为主设计鸽舍，北方以保温隔热设计加机械通风。肉鸽养殖只需要建设种鸽舍即可投入生产，如需留种还需要配套建设青年鸽舍，每平方米种鸽舍可以饲养4~5对种鸽，房舍利用效率高。目前常见的种鸽繁殖笼为3层重叠式，每组笼可以饲养12对，饮水器用杯式、乳头式自动饮水设备，料槽、保健砂杯、巢盆为塑料制品，在购买笼具时一并配齐即可，每组笼具及相关设备仅需资金150元左右。

3. 饲养操作简单 肉鸽为晚成雏，母鸽产蛋后由公、母亲鸽共同完成自然孵化、自然育雏，因此饲养人员劳动强度低。1个工人可以轻松管理1000~1500对种鸽，壮劳力最多可以管理2000对。肉鸽自然育雏成活率较高，通过鸽乳幼鸽能够获得母源抗体，成活率高于其他家禽，一般可以达到98%以上。肉鸽的传染病较少，在集约化饲养管理条件下，只要认真做好日常消毒和免疫接种工作，疾病不易发生。

4. 乳鸽生长速度快 现代肉鸽品种在选育时，突出早期生长速度。刚出壳的雏鸽体重只有15克左右，经亲鸽哺育25天后，乳鸽可长到500克以上，是出壳时体重的30倍以上。因此，乳鸽生长迅速，上市时间早，饲料转化率高，料重比仅为2:1。生产中，乳鸽上市时间为23~28日龄，根据市场需要进行调整。

5. 健康食品 肉鸽饲料一般为没有加工过的颗粒状原粮（豌豆、玉米、小麦、高粱等），乳鸽成活率高、抗病力强，因此饲料中不需要添加抗菌药物和其他添加剂。保健砂的配方也选用天然原料（红泥、河沙、贝壳粉、骨粉、石粉、木炭、食盐等），因此鸽肉中不存在药物残留，产品为真正的绿色食品，深受消费者欢迎。

6. 乳鸽、鸽蛋销路好 肉鸽养殖不同于其他家禽的全进全出，乳鸽、鸽蛋产品陆续上市，一般每隔3～5天上市一批乳鸽，不会形成产品积压。乳鸽作为肉鸽养殖的主要产品，已经被大多数消费者所接受，已经形成了成熟的消费市场与消费群体，需求量逐年增加。鸽肉营养丰富，味道鲜美，随着人们收入的增加和保健意识的增强，市场前景看好。鸽蛋作为禽蛋中的珍品，在浙江温州、北京、上海等大城市深受欢迎，在中小城市逐步走俏。目前，广州、上海、北京、天津、南京、武汉等大城市对乳鸽的需求量逐年增加，而当地养殖量远远不能满足需要，河南省、山东省的乳鸽外销增长迅速。

7. 效益稳定 据市场分析，肉鸽产品市场需求将以每年5%～10%增长速度快速增加。2016年主要城市白条乳鸽批发价上涨至15元／只以上，市场零售价上涨至18元／只。活乳鸽的市场售价远远高于白条肉鸽，达到每只20～25元。由于城镇居民对肉鸽需求量日益增长，肉鸽的货源缺口逐年增长，肉鸽养殖效益稳定，利润可观。以河南省为例，外销的活乳鸽比重越来越大，而且价格远远高于本地白条乳鸽的价格。

［案例2］ 张桥村靠肉鸽养殖助贫困户脱贫

在精准扶贫中，河南省柘城县不搞统一化，而是因地制宜，因势利导，依托龙头企业、专业合作社、家庭农场和专业大户等逐步形成了一村一品的脱贫模式。柘城县张桥镇张桥村就是依托村里的肉鸽养殖场，形成了肉鸽养殖脱贫专业村。张桥村原有贫困户133户，贫困人口458人。经过2014年、2015年两年的脱贫攻坚，现在未脱贫的还有51户139人，计划2017年实现整体脱贫出列。张桥村脱贫帮扶单位柘城县委宣传部的驻村干部和来自市盐业局的驻村第一书记，根据柘城县委的要求，积极为贫困户想法子，找路子。

张桥村村民张涛，前几年到外地学习肉鸽养殖技术，2014年在张桥村南建了1个肉鸽养殖场。现在，张涛的肉鸽养殖场月纯收入达到5万元左右，效益非常好。在张涛2014年建场时，为帮助他解决资金困难，张桥镇镇长史云洁曾以自己的工资卡担保，为张涛贷款 20 万元，因此张涛对党和政府的工作发自内心的支持。近两年养鸽事业的迅速发展，客观上也要求张涛扩大养殖规模。几乎就是一拍即合，在驻村干部的撮合下，张涛与贫困户迅速达成了"公司＋养殖户"的脱贫发展模式。张涛为每户贫困户提供 40 对优质的种鸽，帮助贫困户在家里建设鸽笼，免费为贫困户提供养殖技术、防疫药品，签订协议确保回收养殖户养殖的鸽子。养殖户购买 40 对种鸽的钱由"到户增收"项目资金补贴。这一扶贫措施受到张桥村养殖户的拍手欢迎：政府补贴资金，自己不花一分钱，40 对种鸽就送进自家院子的鸽笼里，年增加收入 4 000 多元；肉鸽养殖不像养鸭、养猪有异味，每天稍微打扫一下就行；给肉鸽喂的玉米、小麦家里应有尽有，不需要为购置饲料发愁；技术问题、防疫问题，张涛跑到家里来指导。2016 年 3 月，首批发放给贫困户的肉种鸽，8 月份开始下蛋，9 月份后平均每个月将有至少 50 只乳鸽陆续上市。张涛说，现在肉鸽养殖的前景非常好，跑东跑西去打工，不如留在家里养肉鸽。现在，张桥村已经有很多不是贫困户的村民也想养肉鸽致富了。

张桥村形成的肉鸽养殖脱贫方法是柘城县实施产业扶贫工程的一部分。目前，通过龙头企业、专业合作社、家庭农场和专业大户等新型经营主体与贫困户建立稳定的契约关系和利益联结机制的形式，柘城县已经创建了"个体企业＋贫困户""专业合作社＋贫困户"、土地流转等多种产业扶贫模式，正在逐步形成一村一品的产业脱贫模式。

（资料来源：中国畜牧兽医报，2016 年 8 月 21 日）

专家点评：

脱贫致富认准项目很重要。解决农村贫困人口脱贫问题要有好的项目来带动，在农村主要靠利用土地优势来发展种植业与养殖业。传统的猪、鸡、牛、羊等养殖项目投资大、周期长、利润回报率较低。发展特种养殖比较适合偏远贫困地区，一般投资相对较小，短期内就有回报。但特种养殖项目很多，农户在选择时切不可盲目。选择特种养殖项目，需看清以下三点：首先要看其产品的利用价值，只有利用价值高的产品才能有高的经济价值。乳鸽、鸽蛋是肉鸽养殖的主要产品，不仅口感好，而且营养价值丰富，因此具有很高的利用价值。其次是要看市场前景，再好的产品如果没有市场，也很难取得成功。乳鸽产品已经受到国内市场的普遍认可，鸽蛋的销售市场也已经成熟，因此发展肉鸽养殖没有市场风险；最后要看项目的成熟度，即养殖的成功率。肉鸽抗病力强，养殖历史悠久，技术成熟，操作简单，因此成功率高，可以放心发展。

四、肉鸽养殖前景、风险与效益分析

（一）肉鸽养殖前景

1. 肉鸽养殖技术成熟　我国肉鸽养殖业经过 40 多年发展与积累，已经摸索出一整套的高产饲养方法和疫病防治技术，专门化的肉鸽保健产品开发较好，成熟的养殖技术为肉鸽业的健康发展提供了保障。肉鸽饲养业已经逐步形成畜牧业中独立的产业，在国内家禽饲养中占据重要地位。

2. 肉鸽养殖潜力好　港澳地区、广东省、上海市是传统的肉鸽养殖、消费区域。近年来，东南沿海省份（福建、浙江、江苏、海南等地）、湖南、山东、河南等省的肉鸽业发展较快，养殖量增加较快。在广东、广西、江西、安徽、江苏、上海等省市肉鸽养殖已形成一定的区域性生产基地。"一鸽顶九鸡，无鸽不成席"在香港的饮食业中普遍流行，对乳鸽的需求量更是增长迅猛，年需求量已经达到 1 000 万只，主要靠内地供货。随着中国特禽养殖业的发展与人们生活水平的提高，肉鸽消费已经不再是餐桌上的奢侈品，中小餐厅、饭店对乳鸽的需求量逐年增加，肉鸽业将得到平稳的发展，是特禽养殖业中最具潜力的产业。根据近年来统计，全国肉鸽业每年以 10%～15% 速度发展。

3. 鸽蛋需求旺盛 鸽蛋具有独特的营养、口感与保健功能,是肉鸽养殖新的增长点。早在 2000 年前浙江、上海等经济发达地区就率先开发鸽蛋食谱,至今这些地区已形成庞大的鸽蛋消费市场,而且食用鸽蛋养生在经济发达地区逐步流行。每年的端午节、中秋节、元旦和春节是鸽蛋的销售旺季,价格最高时卖到每枚 4～5 元,因此北方很多养鸽场已形成每到秋季就开始销售鸽蛋至第二年正月的惯例,甚至有的养鸽场常年以生产鸽蛋为主。由于鸽蛋需求量的增加,特别是元旦、春节期间,肉鸽产量会下降,造成乳鸽市场始终保持供不应求的局面。因此,肉鸽养殖业具有广阔的市场前景和发展空间。

4. 鸽场对周边环境影响小 我国肉鸽养殖采用半开放式饲养(南方地区)或全舍饲(北方地区),鸽子排出的粪便较干燥、臭味小,方便加工成有机肥,养鸽场基本没有废物、废水及废气产生,不会污染环境,是一项比较环保的养殖业。养鸽业是特别适合我国广大农村发展的现代农业项目,农村具有发展肉鸽养殖的土地优势与劳动力优势,适度引导广大农民发展肉鸽养殖,是一项农村劳动力转移与农民工回乡创业的好项目,也是我国"十三五"精准扶贫很好的选择项目。

(二)肉鸽养殖主要风险

1. 引种风险 品种是发展畜牧生产的基础,肉鸽养殖也不例外。而且肉种鸽利用年限长、可自繁自养,因此品种对肉鸽生产的影响更大,引种风险也是发展肉鸽养殖的第一大风险。引种是踏入养鸽业的最关键一步,如果引了品质差的劣质种鸽,繁殖和生产性能都受到影响,乳鸽产品数量和质量上不来,效益更是无从谈起。种鸽是鸽场的基础,生产用的种鸽是否优良是养鸽企业成败的先决条件。优良的种鸽抗病力、繁殖率(产蛋率、种蛋受精率、孵化率、育雏能力)较高,乳鸽生长速度快,25 日龄可达 500 克以上。

因此，在引种时一定要到持证（种畜禽生产经营许可证）的正规种鸽场去购买，降低引种风险，提高养殖成功率。

注意引种价格。种鸽的价格由种鸽质量、月（年）龄和供种单位销售服务构成。品种好、服务优的种鸽价格自然就贵，但过高引种价格可能存在炒种嫌疑，而且会造成资金压力。目前国内6月龄种鸽正常的价格为120～160元/对，养殖户一定要实地考察，不能只看价格。好的种鸽是经过严格筛选的，肯定物有所值，但高价不一定能引入高品质种鸽，要实地考察供种企业有无选种程序。

2. 疫病风险 俗话说：养殖业"成败在防病，效益在规模"。疫病控制是发展肉鸽业的第二大风险。虽然肉鸽的适应性很强，抗病力也强，但对肉鸽主要疫病的防控绝不可掉以轻心。肉鸽养殖场要树立预防为主，防重于治的原则，做好肉鸽场选址、肉鸽场场区规划。加强日常饲养管理与日常消毒，制定科学的驱虫、用药程序与免疫程序，做好重大疫病发生后的应急预案，科学处置。

3. 管理技术风险 饲养管理技术是肉鸽业成败的关键因素之一。肉鸽养殖方法不同于其他家禽，饲养者要通过书籍、网络资料等全面了解肉鸽的生理特点、生活习性，掌握科学的饲养管理技术。肉鸽养殖是一项细致的工作，要做好日常各项生产记录（产蛋日期、产蛋间隔、孵化成绩、乳鸽生长发育情况、育雏成活情况等），平时还要细心观察种鸽的产蛋、孵化、育雏等情况，不断学习新的饲养管理技术（如人工孵化、人工哺喂），提高种鸽的各项生产性能指标。采用传统落后的饲养方式与技术，就算拥有优良的种鸽，也产生不了好的经济效益。

4. 市场风险 目前，乳鸽市场虽然产品缺口大，但影响市场的不确定因素随时都有可能发生，造成需求萎缩，消费信心不足。肉鸽生产在国内的发展具有不均衡性，局部地区的产能过剩也时有发生。加之，这几年禽流感造成人感染发病，消费者对禽流感认识的偏差，会造成乳鸽消费市场短期的恐慌。在一些地区市场上，一些不法商人利用鸡肉冒充鸽肉，造成消费者对鸽肉的认识偏差。

（三）肉鸽养殖投资效益分析

目前，市场肉鸽价格为每只 15 元左右，按每对种鸽年产 14 只（7 对）计算，年产值 210 元左右，扣除引种年平均费用、工人工资、固定资产（鸽舍、鸽笼、用具）折旧、饲料费用、防病费用、资金利息等费用 130 元左右，每对肉鸽年可实现利润 80 元左右，饲养 1 000 对种鸽，年纯收入 8 万左右。

广东省某规模养殖企业肉鸽养殖效益分析：每对种鸽年平均生产乳鸽 20 只，每只乳鸽平均耗料 2.15 千克（包括产鸽耗料），乳鸽生产成本分析如下：①饲料：2.15 千克×2.6 元 / 千克＝5.46 元；②保健砂与消毒药品 0.3 元；③人工成本 1.5 元；④管理费用 0.6 元；⑤水电及低耗品 0.1 元。合计 8 元 / 只。即每只乳鸽直接生产成本为 8 元（不包括折旧费），以目前全年平均每只售价 16 元计，每只盈利 8 元，除去折旧及其他费用每只 1.5 元，每生产 1 只乳鸽的利润为 6.5 元，目前平均每对产鸽年产 20 只乳鸽，每对种鸽平均创造利润 130 元，饲养 1 万对种鸽年可获利 130 万元。

五、发展肉鸽需要储备哪些技术和经营知识

（一）技术准备

发展任何养殖项目，都要掌握最基本的养殖常识和操作技术，具备一定的饲养管理技术和疫病防控能力。认为肉鸽好养，无须专业技术的观念是错误的，初养者必须通过图书、杂志、网络、影像资料多了解学习肉鸽养殖知识。例如，如何建造鸽舍，引种注意事项，不同阶段肉鸽合理的饲养方式，肉鸽饲料原料的选择与配合，肉鸽保健砂原料选择与配合，鸽场卫生消毒方法，种鸽的免疫程序与基本接种方法等。需要提前学习或者在引种场培训指导后才可养鸽无忧。

（二）经营知识准备

发展现代畜禽养殖，科学的饲养管理，初级产品上市只能说成功了一半，良好的经营理念和经营知识准备是获得高收益的保证。我国畜牧业发展已经告别短缺时代，畜禽产品数量飞速增长。今后畜牧业发展的方向一是规模化、集约化，另一个方向是做差异化产品生产。肉鸽养殖就不同于其他常规家禽，肉鸽产品属于优质禽肉、禽蛋，如果做好产品经营，打开消费市场，将产品优势转化为市场优势，肯定会取得成功。市场营销知识是发展肉鸽养殖创业必不可少的，创业者要通过集中培训、自学等途径掌握这方面的知识、技能，做好产品销售。肉鸽生产的主要产品有乳鸽、鸽蛋等，规模化企业还可以出售种鸽来获取更大的收益。养殖者在开发市场的时候，要充分了解肉鸽产品营养特点与加工方法，可以在出售产品时配送食用烹饪方法，还需要保证产品质量，特别是乳鸽的上市体重与鸽蛋的新鲜度。乳鸽的销售渠道很多，主要有批发市场白条鸽销售、活禽市场现宰销售或活鸽销售。白条鸽销售时一般在养鸽场屠宰后运到批发市场，可以批发给销售商或直销门店销售，为了保证屠体美观，要求是白色羽毛的乳鸽，皮肤没有色素沉着，屠宰日龄在 23～25 天，人工哺喂育肥效果更好。如果销售活乳鸽，要适当延长上市时间，在 26～28 天出售，羽毛丰满，更受消费者欢迎。

现阶段劳动力资源紧缺，因此发展肉鸽生产要求有一定的规模，建议起步饲养 500～1 000 对，技术、市场成熟后可以进一步扩大规模，达到 2 000～5 000 对规模，供种企业发展到 1 万对以上规模。就目前的饲养方式，舍饲笼养，1 个壮劳力可以饲养 1 000～1 500 对生产种鸽，每天 8 小时操作即可完成。

肉鸽养殖和其他养殖业一样，市场波动在所难免，作为经营者来说，要狠抓管理，做好年度计划，预测市场，适时缩减或扩大规模。在乳鸽销售淡季或市场疲软时，加大鸽蛋生产与销售，调节上市乳鸽数量。

六、肉鸽养殖场的主要投资预算与资金筹措渠道

（一）专业户肉鸽养殖投资预算

以 1000 对种鸽为例，鸽场的投资分析，各项支出如下：

1. 购买种鸽　购买种鸽是家庭养殖肉鸽最大的支出之一，一般 6 月龄刚开产的种鸽售价为每对 120 元左右。1000 对 × 100 元/对 ＝12 万元。

2. 房舍投资　鸽舍建筑要求保温隔热、通风良好，其他建筑包括办公用房、饲料仓库、蛋库等。1000 对种鸽规模的养殖场：需要鸽舍面积 250 米^2（4 对/米^2），饲料房面积 25 米^2，蛋库面积 10 米^2，办公室面积 15 米^2。合计建设面积 300 米^2。栏舍投资 250 米^2 × 200 元/米^2＝5 万元，仓库、办公等投资 50 米^2 × 500 元/米^2＝2.25 万元，建筑物总投资为 7.25 万元。

3. 其他投资　鸽笼用具投资 1000 对 × 20 元/对 ＝2 万元。水电设备设施投资 1000 对 × 3 元/对 ＝0.3 万元，流动资金 2 万元（饲料、保健砂、工资等），合计 4.3 万元

饲养 1000 对种鸽总投资 23.55 万元。如果家庭养殖肉鸽，则不需要专门的房舍，可以利用家庭小院、闲置房屋，或者搭建简易鸽棚，固定资产投入较少，设备简单，投资小。

（二）资金不足农户的资金筹措渠道

1. 农户小额贷信用款　为支持农业和农村经济的发展，提高农村信用合作社信贷服务水平，增加对农户和农业生产的信贷投入，简化贷款手续，根据《中华人民共和国中国人民银行法》《中华人民共和国商业银行法》和《贷款通则》等有关法律、法规和规章的规定，农村信用社于 2001 年推出了农户小额信用贷款。农户小额信用贷款是指农村信用社基于农户的信誉，在核定的额度和期限内

向农户发放的不需抵押、担保的贷款。它适用于主要从事农村土地耕作或者其他与农村经济发展有关的生产经营活动的农民、个体经营户等。农户小额信用贷款的本质特征是贷款，偿还性是信贷资金的第一原则。它既不同于一般商业金融的贷款，也有异于国外的一些机构捐助性资金的运作，更不同于财政资金的扶贫补贴。因此，农户小额信用贷款的高收贷率是维持其贷款活动的持续不间断进行的最根本前提。

农户小额信用贷款使用农户贷款证。贷款证以农户为单位，一户一证，不得出租、出借或转让。对已核定贷款额度的农户，在期限和额度内农户凭贷款证、户口簿或身份证到信用社办理贷款，或由信用社信贷人员根据农户要求到农户家中直接发放，逐笔填写借据。农户小额信用贷款期限根据生产经营活动的周期确定，原则上不超过 1 年。因特大自然灾害而造成绝收的，可延期归还。农户小额信用贷款按人民银行公布的贷款基准利率和浮动幅度适当优惠。

2. 邮储银行小额贷款　邮政储蓄小额贷款业务是中国邮政储蓄银行面向农户和商户（小企业主）推出的贷款产品。农户小额贷款是指向农户发放的用于满足其农业种植、养殖或生产经营需要的短期贷款。商户小额贷款是指向城乡地区从事生产、贸易等部门的私营企业主（包括个人独资企业主、合伙企业合伙人、有限责任公司个人股东等）、个体工商户和城镇个体经营者等小企业主发放的用于满足其生产经营资金需求的贷款。

邮储银行小额贷款品种有农户联保贷款、农户保证贷款、商户联保贷款和商户保证贷款 4 种。农户贷款指向农户发放用于满足其农业种养殖或生产经营的短期贷款，由满足条件（有固定职业或稳定收入）的自然人提供保证，即农户保证贷款；也可以由 3～5 户同等条件的农户组成联保小组，小组成员相互承担连带保证责任，即农户联保贷款。商户贷款指向微小企业主发放的用于满足其生产经营或临时资金周转需要的短期贷款，由满足条件的自然人提供保证，即商户保证贷款；也可以由 3 户同等条件的微小企业主组成联保小组，小组成员相互承担连带保证责任，即商户联保贷款。

农户保证贷款和农户联保贷款单户的最高贷款额度为 5 万元，商户保证或联保贷款最高金额为 10 万元。期限以月为单位，最短为 1 个月，最长为 12 个月。还款方式有一次性还本付息法、等额本息还款法、阶段性等额本息还款法等多种方式可供选择。

3. 小额担保贷款　国家为了鼓励创业和解决再就业个人资金困难而设立的一项利民政策。小额担保贷款是由当地财政部门负责贴补利率，人事部门负责审查经营项目，经办银行负责发放及管理贷款的国家针对就业等问题的措施。全国大部分省（市）最高放贷金额都是在 10 万元以内，一般为 5 万元，贷款期限 2 年，贷款到期后最长可以展期 2 年。按照小额担保贷款相关政策，从事微利项目的个体工商户、个人独资企业和合伙组织起来就业的经济实体发放的小额担保贷款享受财政全额贴息，展期不贴息。

具体申请在当地就业服务机构，基本条件是：要求有本市户口，在法定的劳动年龄内，诚实信用，从事自谋职业、自主创业和合伙组织起来就业，在经营过程中资金不足的，可按规定申请小额担保贷款。申请条件：持有效工商营业执照、税务登记证；有固定的经营场地和一定的自有资金；经营项目符合国家有关规定，并与登记范围相符；具备还贷能力和相应的反担保能力，信用良好。有创业愿望和具备创业条件的高中毕业生纳入小额担保贷款政策扶持范围。

4. 扶贫贷款　"精准扶贫、精准脱贫"是党和国家保障和改善民生的重要要求。中共十八届五中全会公报、"十三五"规划建议纲要、2015 年经济工作会议均将精准扶贫放在共享发展理念和改善民生的重要地位。金融扶贫是精准扶贫的重要方面，促进精准扶贫、精准脱贫是金融扶贫工作的基本出发点。2015 年 11 月 29 日颁布的《中共中央、国务院关于打赢脱贫攻坚战的决定》明确提出"实施精准扶贫方略，加快贫困人口精准脱贫"；"加大金融扶贫力度，鼓励和引导商业性、政策性、开发性、合作性等各类金融机构加大对扶贫开发的金融支持"。商业银行方面，《决定》明确要求"中国农业银行、邮政储蓄银行、农村信用社等金融机构要延伸服务网络，创新金融产品，增加贫困地区信贷投放"。2016 年 1 月 15 日，中国人民银行召开"两权"抵押贷款试点和金融扶贫工作座谈会议。会议要求"金融机构要以普惠金融理念引领扶贫开发金融服务，全面推进深化农村支付服务环境建设，提升农村基础金融服务水平。加强与建档立卡和信用体系有效对接，大力发展扶贫小额信贷、创业担保贷款、扶贫贴息贷款等金融产品。"

精准扶贫专项贷款一般只能用于贫困户从事种植、养殖、农产品加工、运输、商业流通、农家饭店等生产经营活动，不得用于结婚、建房等非生产性方面，具体发展产业由镇、村两级指导确定。贫困户贷款金额按照各自需求确定（原则上按每人 1 万元贷款额度计算），以户为单位申请，每户金额控制在 5 万元（含）以下，贷款期限按照借款人贷款用途确定，贷款期限 3 年以内。贷款利率执行中国人民银行同期基准利率。对贫困户贷款按年结息和贴息，贷款人在贷款期限内产生的利息申请省财政厅进行全额贴息。每年12 月 20 日为结息日。贴息采取"先收后贴"的原则，对贷款人未按期偿还贷款及其他违约行为而产生的逾期贷款利息、罚息，不予贴息。

［案例 3］　农村养鸽大有可为

程伟丽，45 岁，叶县邓李乡妆头村村民，叶县天照肉鸽养殖专业合作社理事长，从事肉鸽养殖已经 30 年，也是当地出了名的孝顺媳妇。"大个儿"程伟丽身高 1.72 米，早年娘家贫困，兄弟姐妹较多，作为老大，她从小就拾柴做饭、割草喂牲口，后来还学会了开拖拉机、开翻斗车，打麦子、浇地……农活儿样样都会。1992 年，经人介绍，23 岁的程伟丽与同村小她两岁的任跃红结为连理。当时丈夫和公公在县城上班，因为离家 40 千米远，他们一般半个多月才回来一次，家里就剩下了 78 岁的奶奶、57 岁的母亲和程伟丽。

"你们都安心工作，家里的事就交给我吧。"年轻的程伟丽信心满满并用实际行动支持着丈夫和公公的工作。

在照顾好家庭和老人的同时，程伟丽还想着赚钱补贴家用，改善生活条件。她卖过米线、开过沙场、在面粉厂打过工。她从1996年开始养鸽子，从最初的5对发展到400多对，2010年，她又筹措资金从上海等地引进了2000对美国白羽王父母代种鸽，扩大规模后第一年就收益80多万元。为了带动更多农户致富，她注册成立了天照肉鸽养殖专业合作社，由初期5人自发组成，经过不断发展壮大，现已发展有建账入社农民社员58户。程伟丽表示，自己养殖的肉鸽都是喂天然五谷杂粮，鸽子蛋主要都销往南方，如无锡、上海、温州、浙江、重庆等地。

程伟丽还经常支持村里的妇联工作，全村总人口1832人，其中女性896人，在程伟丽的带动下，村里相继有16名女同志发展了庭院经济，从事肉鸽养殖。邓李乡巾帼创业就业基地占地7.39公顷（110.8亩），拥有资产1630万元，存栏父母代白羽王种鸽6万羽，年出栏商品肉鸽30万只，年出栏后备种鸽3万只，鸽蛋90万枚，辐射带动周边300多农户发展肉鸽养殖。2012年2月被河南省妇联、河南省畜牧局授予河南省巾帼科技养殖示范基地。

专家点评：

当他人都外出打工的时候，程伟丽因为要照顾家里的三位老人，毅然决定留下来在农村发展，并且逐步发展壮大自己的肉鸽养殖事业，取得了成功。此案例说明，只要有毅力，持之以恒的决心，在任何地方都会取得成功，发展肉鸽养殖，农村具有更为广阔的天地。

第二章

肉鸽养殖设施准备

一、肉鸽场场址选择

小规模肉鸽养殖，饲养数量300～500对，可以利用房前屋后空地，搭建简易鸽舍即可饲养，或者利用空闲房屋、厂房来摆放鸽笼饲养。但是，如果想发展规模（1000对以上）肉鸽生产，必须对肉鸽场场址进行严格挑选，并且合理规划场地。肉鸽场场址选择主要考虑的因素有：周边环境、地形地势、道路交通、水电供应等。

（一）周边环境要求

肉鸽养殖场位置应远离交通主干道、城市居民点、集贸市场和其他家禽养殖场。《中华人民共和国畜牧法》第四十条规定，禁止在下列区域内建设畜禽养殖场、养殖小区：①生活饮用水的水源保护区，风景名胜区，以及自然保护区的核心区和缓冲区；②城镇居民区、文化教育科学研究区等人口集中区域；③法律、法规规定的其他禁养区域。根据《动物防疫条件审查办法》，畜禽养殖场应距离饮用水源地、动物屠宰加工场所、动物和动物产品集贸市场500米以上；距离种畜禽场1000米以上；距离动物诊疗场所200米以上；动物饲养场之间距离不少于500米以上；距离动物隔离场所、无害化处理场所3000米以上；距离居民区、公路铁路主干线500米以上。

（二）地形、地势

肉鸽养殖场要求阳光充足，地势干燥，排水良好，以平坦或稍有坡度的开阔平地最好，便于场区规划、防止场区积水。山地、丘陵地区对场地适当平整后也可以建场。注意不要在低洼的地方建场，因为空气流通会受到影响，而且不便于排水，容易滋生蚊虫。在山区，不宜选择昼夜温差太大的山顶和通风不良及潮湿阴冷的山谷建场，应选择在坡度不太大的半山腰。

（三）道路交通

为了方便物资与产品运输，方便工作人员生活，鸽场要求交通便利，有专用道路与主干道相连，避免雨雪天无法行走。鸽场专用道路要进行硬化处理，既便于运输，又有利于消毒。

（四）水电供应

肉鸽场水源要充足，水质良好，达到国家畜禽饮用水标准。水质不良会直接影响肉鸽健康，供水不足会影响肉鸽的生长发育和生产能力。大型肉鸽场最好自建30米以下深井，以保证水的质量。肉鸽场要有电力保障，保证生产和生活用电。大型鸽场应备有发电机，以便停电时使用，特别是进行人工孵化的鸽场。

二、肉鸽场场区规划布局

（一）肉鸽场的分区

大型肉鸽场分办公生活区、生产区（各种类型鸽舍）、辅助生产区（饲料贮存加工、供水设施、蛋库等）和隔离区（包括病鸽隔离舍、粪便处理区等）。小型肉鸽场也要求建独立的生产区，与办公生活区隔离，而且有固定的粪便处理区，距离鸽舍有一定距离。

鸽场四周用砖墙或栅栏围起来，避免闲杂人员、野狗等动物进入。场区和生产区门口要设置消毒设施（消毒池、消毒间），并严格执行消毒管理制度。

（二）肉鸽场场区规划

肉鸽场分区规划首先应从人、鸽健康的角度出发，合理安排各区的位置，以建立各区最佳生产联系和卫生防疫条件。办公生活区应位于全场上风头和地势较高的地段，然后依次为生产区、粪污区。各区之间要方便物资运输和人员流动，如辅助生产区饲料库一般位于生产区旁，方便喂料，减少工人运输饲料距离，提高劳动生产率。鸽场各个功能单元要相对独立，疏密结合，同一功能区房舍距离不易太远，在满足生产要求的前提下，做到节约用地。

1. 办公生活区和生产区要严格分开　办公生活区和生产区要设置围墙、栅栏或绿化隔离带，由专门通道相连，饲养人员每天进入生产区先要经过消毒室、消毒池，生活区与鸽舍之间的距离不得少于30米。

2. 功能区划分　在肉鸽饲养区域（生产区）内，要尽可能按留种后备鸽、生产种鸽、育种区划分成各饲养小区。并根据鸽场地形和当地主风向合理设置不同类型鸽舍的位置。一般年龄小的童鸽舍、青年鸽舍应处在地形较高的地方和上风向，成年种鸽舍位于地势较低的地方及下风向。因为幼鸽抗病力弱，容易患病。需要人工孵化的鸽场，孵化室单独设立，严格消毒管理，防止传染病的交叉感染。为了防止疫病的传播和火灾的蔓延，同一功能区舍与舍之间的距离为8～10米。

3. 消毒池设置　进入鸽场的大门入口处要设置车辆消毒池，这主要是对进入场区的车辆、物品（如饲料）进行消毒。第二道消毒池设置在进入生产区入口处，主要是人员消毒用，只有饲养人员才能进入生产区，并且要更换工作服。生产区内每一幢鸽舍的入口处还要设有消毒池和洗手消毒设施，舍内物品不得外借和交叉使用。

4. 鸽粪处理的位置 粪便是造成鸽场环境污染和传播鸽病的重要因素，一定要搞好粪便的处理工作。清粪方式一般以人工清粪为主，大型养殖场也有半自动化和全自动化清粪方式，清出的粪便含水率比其他畜禽低。肉鸽场要建有专用储粪场，储粪场地面要求硬化，避免渗漏，要有顶棚，实现雨污分流。储粪场的位置应设在下风向和地势较低的地方。粪便无害化处理的主要方式为发酵处理，生产有机肥。《中华人民共和国畜牧法》第四十六条规定：畜禽养殖场、养殖小区应当保证畜禽粪便、废水及其他固体废弃物综合利用或者无害化处理设施的正常运转，保证污染物达标排放，防止污染环境。

三、鸽舍的类型与建造要求

（一）笼养式鸽舍

肉鸽入笼饲养，方便管理，适合繁殖期种鸽的饲养。把已配好对的生产种鸽一公一母单笼饲养，有利于繁殖工作的开展。笼养式鸽舍要求宽敞，通风良好、光照充足、光线均匀，南侧窗户不宜过大，最好带有天窗（或间隔设置透明瓦），白天增加鸽舍照度，减少人工光照成本。笼养式鸽舍地面需要水泥硬化处理，以便清扫、冲洗与消毒。鸽舍面积根据饲养数量而定，一般每平方米舍内面积可以饲养4～5对种鸽。笼养式鸽舍优点是鸽舍结构简单，造价低廉，管理方便，鸽群安定，鸽舍利用率较高。笼具摆放见图2-1，靠窗走道宽度1米，中间两笼间走道1.2米。三列两走道靠窗户没有走道。

1. 全开放式 适用于南方温度相对较高地区，房舍由顶棚和立柱组成，鸽舍四面可不设围墙，结构简单，建筑成本低，通风较

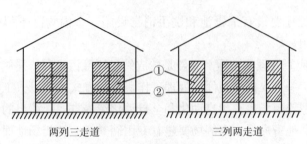

两列三走道　　　　　　　三列两走道

图 2-1　笼养鸽舍笼具摆放
①笼具　②走道

好，容易受外界气候变化影响（图 2-2）。

2. 半开放式　适合冬季气温不低于 -5℃的地区，北面设墙，南面向阳敞开（图 2-3），有利于通风和采光。冬季应在开放一侧设置卷帘，有利于保温。夏季设置遮阴网，避免热浪侵袭，避免光照过强对种鸽孵化造成影响。夏秋季节敞开的一侧安装纱网，可以防止蚊虫叮咬。

3. 封闭式鸽舍　适用北方寒冷地区，鸽舍四面围墙，南墙设有大窗口，北侧设小窗户。窗口可供光照和通风，天热时打开，天冷时关闭（图 2-4）。乳鸽人工哺喂舍为封闭式房舍，要求有足够的保温隔热性能，还需要有供暖设施，满足乳鸽生长对温度的要求。

图 2-2　全开放式鸽舍　　图 2-3　半开放式鸽舍　　图 2-4　封闭式鸽舍

（二）群养式鸽舍

群养式鸽舍适合 2 月龄以上的后备种鸽使用，特别是 3～6 月龄青年鸽阶段。群养式鸽舍最好设计成开放式、带有运动场，可以地面平养，也可以网上平养（图 2-5）。

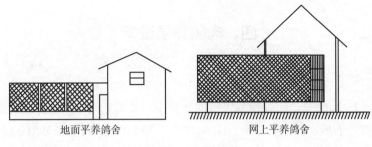

地面平养鸽舍　　　　　　　网上平养鸽舍

图 2-5　平养鸽舍

1. 地面平养式鸽舍　北方多用，由舍内和运动场两部分组成，运动场四周设置铁丝网或尼龙网，采食和饮水在运动场完成。舍内设置栖架，供夜间休息。

2. 网上平养鸽舍　南方和中原地区多用。设有地面或网上运动场，舍内距离地面1米设置坚固的铁丝网，采食饮水均在网上进行，有利于通风。

（三）简易鸽舍

在农村，可以在院子中建成简易鸽舍，既可节省建筑费用，又可节省购买鸽笼的开支。简易鸽舍直接建成三层鸽笼形式，这种鸽舍在我国西北地区常见。简易鸽舍由上、中、下3层组成，底层需离地面20～30厘米，有利于防潮，同时便于加料加水。每层高50～60厘米，宽80厘米，深50～55厘米。高度和深度要求便于捉鸽和照蛋等操作。层与层之间可以设置承粪板，也可以不设置承粪板而直接在水泥隔板上生活。建筑材料为砖块和钢筋水泥，前方设铁丝网，料槽、饮水器挂于网外。为了达到夏天防暑和冬季防寒的要求，在两排鸽舍之间可搭建塑料棚（图2-6）。

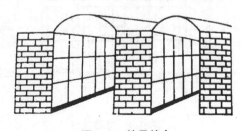

图 2-6　简易鸽舍

四、肉鸽养殖设备

（一）笼具设施

1. 种鸽笼 用于饲养繁殖期种鸽用。种鸽笼用冷拔丝焊成的网片组合而成，每组长2米，深60厘米，高1.7米。每组被分为3层，每层45厘米，层与层间隙8厘米，便于放置隔粪板。每层设置4个单笼，因此每组笼子实际包含了12个单笼（图2-7）。笼外方便悬挂料槽、保健砂杯，饮水采用自流式杯式饮水器。笼中后侧半壁放置巢盆架，便于放巢盆。这样笼子既方便清洁、消毒，又非常透光透气，同时占地面积小，每组笼实际占地面积仅1.2米^2。笼门要求开闭自如，方便抓取乳鸽、鸽蛋照检。

2. 群养式鸽巢 群养种鸽使用，种鸽可以自由进出鸽巢。整个笼柜分4层共16小格，每小格高35厘米，宽35厘米，深40厘米，每相邻两小格之间开1个小门，2个小格合在一起称为1个小单元，供1对种鸽生活，这一组柜式鸽笼可养8对生产种鸽（图2-8）。群养式鸽巢在信鸽养殖中应用较多，肉鸽养殖不多用，有些肉鸽场在自然配对的时候会用到，配对成功后抓入种鸽笼单笼饲养。

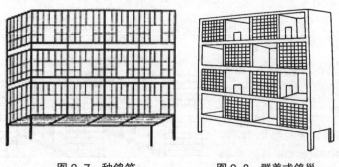

图 2-7　种鸽笼　　　　　图 2-8　群养式鸽巢

3. 童鸽育种床　适合饲养1～2月龄留种用童鸽。为单笼结构，面积较大，一般规格为长200厘米、宽100厘米、高80厘米，可以饲养童鸽40只左右（图2-9）。童鸽育种床可以是铁丝笼，也可用木条、竹条等制成，床底可用铁丝网。育种床需与地面保持一定距离（80～100厘米），这样可使鸽的粪便从床底的网眼掉到地面，比较卫生干净，又便于观察和管理。

4. 青年鸽网室　为专门饲养2月龄到上笼配对前的青年鸽场地，鸽与粪便隔离，大大减少了疫病发生率。网面离地高度0.8米，房舍总高2.7米，隔成6米×3.5米小间（图2-10），便于青年鸽公母小群饲养。每小间可以饲养3～6月龄青年鸽200～300只。

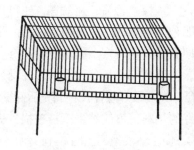

图2-9　童鸽育种床

图2-10　青年鸽网室

5. 乳鸽育肥床　人工哺喂时需要将乳鸽养在乳鸽育肥床上，便于哺喂操作和乳鸽休息需要。育肥床的设计要求便于饲养操作。笼脚高60～70厘米，笼身四边高30厘米，宽60厘米，长度视鸽舍条件而定。笼中间用纱网、铁丝网或竹片隔开，做成小格（图2-11），每格不宜太大，否则易造成饲喂操作不便和乳鸽挤压。

6. 种鸽周转笼　在购买种鸽、种鸽转舍运输时临时放置种鸽使用，要求便于搬运，结实不变形，内外焊接光滑，避免种鸽、人员剐伤。种鸽周转笼规格长、宽、高分别为60厘米、50厘米、20厘米，可以放置种鸽20只（图2-12）。

图 2-11　乳鸽育肥床

图 2-12　种鸽周转笼

7. 巢盆　巢盆是种鸽产蛋、抱窝、育雏的场所。选用合理的巢盆对减少鸽蛋破损、提高孵化率及乳鸽成活率均有较好的效果。制作巢盆的材料有塑料、铁丝、石膏、木板、竹筛、瓦盆等，还可用稻草或麦秸编制的草巢盆。不管哪种原料做成，尽量做成圆形。生产中塑料巢便于清洗消毒、价格便宜，应用较多。巢盆规格：直径为 25 厘米，深 7 厘米（图 2-13）。实践证明，巢盆过深，在并窝后（1 窝 3 只）容易造成乳鸽挤压捂死。巢盆最好悬挂在种鸽笼后侧壁，内部放上柔软、保暖而吸湿性能好的垫料，可使鸽蛋不易破损，提高孵化率。垫料一般用废布料做成，便于清洗消毒（图 2-14）。

图 2-13　塑料巢盆

图 2-14　巢盆垫

（二）喂料饮水设备

1. 料桶　是群养青年鸽常用的喂料设备。由塑料制成的料桶、圆形料盘和连接调节机构组成。料桶与料盘之间有短链相接，留一定的空隙（图2-15）。

2. 长料槽　适宜群养青年鸽使用，料槽长度为100～150厘米。为了防止鸽粪污染，料槽上设置可翻开加料的盖（图2-16）。

图2-15　料　桶

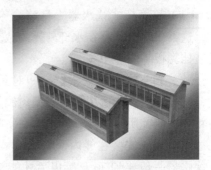

图2-16　长料槽

3. 笼养短料槽　用竹筒、锌铁皮、塑料、纤维板或木板制作。常用的为塑料制品（图2-17）。规格：长19厘米，宽6厘米，前高7.5厘米，后高5.0厘米。短料槽适合单笼饲喂，便于清理，在笼养种鸽广泛使用。

4. 自选料槽　料槽用板分隔成大小不等3～5格，每格分别按比例放入一种饲料（图2-18）。肉鸽可以选择性采食，减少了饲料浪费。目前，美国大多数鸽舍都采用自选料槽。其优点是节省时间、劳力和不浪费饲料，缺点是容易造成偏食。

图2-17　笼养短料槽

图2-18　笼养自选料槽

5. 饮水器 饮水器要求：①保持饮水清洁、水量充足，而且使鸽子的脚或身体不会进入饮水器内，也不会使鸽粪和垃圾等污染饮水。②保持一定的饮水深度（一般为 2.5 厘米左右，能使鸽子的鼻瘤浸入），而且添水方便（或自动供水）。

（1）笼养杯式饮水器 目前笼养肉鸽多采用水杯自动供水系统，这种供水方式存在水杯外露易致粪便、灰尘污染，应在其上方安装挡粪板（图 2-19）。

（2）乳头式自动饮水器 相对封闭，在饮水卫生方面优于杯式，笼养和散养均适用，属新型肉鸽饮水设备。北京市农林科学院畜牧兽医研究所对乳头式饮水器在实际应用效果观察中发现：乳头式饮水器由于安装在笼内，乳鸽最早在 22 日龄就学会喝水，而杯式饮水器一般要到 30 日龄以后才能学会。鸽用乳头饮水系统乳头直径要求 4 毫米以上，并且侧推角度越大越好；乳头最下端与底网的距离在 17～20 厘米，过高或过低均会影响其饮水；连接乳头的水管与水箱的水面高度差保持在 40～45 厘米为宜，保证合理的水压；乳头饮水器安装好后，必须人工每天往乳头下水杯中放水，吸引肉鸽饮水，2～3 次 / 天，肉鸽 3 天即可学会用乳头饮水器饮水（图 2-20）。

图 2-19 笼养杯式饮水器　　图 2-20 乳头式自动饮水器

（3）群养肉鸽饮水器 由无毒塑料管或 PVC 管制作，在管壁挖直径 10 厘米孔，间距 15～20 厘米，管的一头安装进水装置，方便加水，饮水器上安装铁皮挡板，防止粪便、羽毛落入水中（图2-21）。安装时注意要保持水平，以保证正常水位。

（4）新型肉鸽自动饮水设备　沈阳飞虹养鸽设备有限公司研制，为肉鸽免清洗自动乳头饮水器，自带遮粪板，可以防止粪便污染饮水，主要用于笼养肉鸽（图2-22）。

图 2-21　群养饮水器　　　　图 2-22　新型肉鸽自动饮水设备

6. 保健砂容器　盛放保健砂的容器可以用陶瓷、木材或塑料制品制作，忌用金属材料制作，因为金属制品容易被食盐腐蚀。笼养保健砂杯为圆形筒，上口直径为6厘米，深度不要超过8厘米，内盛少量保健砂，挂在笼外侧，能使鸽子吃到即可。长条形保健砂盒适合群养鸽使用（图2-23）。

保健砂杯

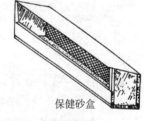
保健砂盒

图 2-23　保健砂容器

7. 移动式肉鸽自动喂养装置　移动式肉鸽自动喂养装置是一种肉种鸽补饲装置，可以满足不同鸽笼增加采食需要（种鸽自助补饲），解决了肉鸽笼养不同单笼采食量差异造成的人工喂养难题，由河南天成鸽业有限公司发明并申报了实用新型专利（图2-24）。该装置自带料槽，靠外接电源供电，由电动机提供动力源，动力通过链传动机构传递给行走轮，通过行走轮的驱动带动整个装置

图 2-24　移动式肉鸽自动喂养装置

在行走轨道上运行，实现自动行走。该移动式喂养装置的机身上安装有 3 层料槽和保健砂采食盘，与机身一起缓慢移动，经过每一个种鸽笼时，需要补饲的种鸽就会走近积极采食饲料和保健砂。电动机通过电磁调速电机控制器进行控制，实现电动机的正反转、启动和停止，以及电动机转速的设定。在行走导轨的两端，分别设置有行程开关触发点，与支架上安装的行程开关配合，当机器移动触碰到触发点时，行程开关启动，则喂养装置停止运行或按原路返回。

吴志远等（2016）报道，采用移动式自动喂料机饲喂专门化产蛋鸽（不进行孵化），与人工喂料对照组相比，减少了饲料浪费，提高了饲料利用率，试验组每对蛋鸽日均消耗饲料 52.70 克，比对照组（58.74 克）节省饲料 10.3%，组间差异极显著。日产蛋率和对照组无差异。分析节约饲料的原因：传统人工加料方式加料不够均匀，个别产蛋鸽笼前食槽饲料偏多，蛋鸽喜欢抓扒挑食，造成饲料浪费；采用移动式自动送料机加料后，加料均匀，且产蛋鸽必须在规定时间内采食饲料，否则将影响采食，由于送料机行走速度均匀，每对蛋鸽采食时间相同，减少了抓扒挑食机会和饲料浪费，提高了饲料利用率。

（三）栖　架

俗称"歇脚架"，是供群养青年鸽栖息的设施。鸽子喜欢单独栖息，因此做成方格状栖息的木架最好，横条状的也可以（图2-25）。当鸽子认定一个栖架后，即成其势力范围，绝不允许旁鸽占据，因此栖架要多设一些，避免两只栖鸽间发生打斗，栖架设计要求上层鸽的粪便不落到下层鸽子身上。

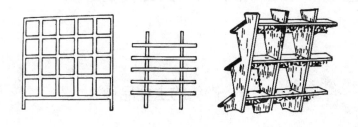

图2-25　各种栖架

（四）洗浴盆

鸽子喜欢洗浴，在群养式运动场要配置专门的洗澡盆。澡盆式样多种，以直径46厘米、深10～15厘米圆盆或长、宽各50厘米，深10～15厘米的铁皮方盆为好，同样大小的木盆或塑料盆也可（图2-26）。

图2-26　鸽洗澡盆

第三章
肉鸽品种与繁育技术

一、肉鸽的主要品种

我国是肉鸽养殖大国，在品种利用方面，有地方品种、国外引进品种，也有国内培育的品种，广东省的肉鸽育种走在全国的前列，先后培育了一些优良品种。例如，深圳农科集团天翔达鸽业有限公司培育了新白卡鸽、深王鸽、泰深鸽等肉鸽良种。特别是泰深鸽实现了羽色自别雌雄，乳鸽阶段就可以根据羽毛颜色判定雌雄，解决了肉鸽早期性别鉴定难题。广东省家禽科学研究所和广州市良田鸽业有限公司培育了良田王鸽配套杂交系，生产性能优良。我国目前饲养利用的主要肉鸽品种如下。

美国王鸽

世界最著名肉鸽品种，已有130多年历史，含有鸾鸽、马耳他鸽、贺姆鸽及蒙丹鸽等血缘。目前已遍布世界许多国家和地区，广东省、上海市在20世纪80年代中期先后从美国、泰国、澳大利亚等国先后引进纯种白羽、银羽和蓝羽王鸽。品种特征：头部较圆，前额突出，喙细鼻瘤小，尾巴上翘，胸宽背阔，从侧面看体型呈元宝形。成年公鸽体重750～900克，母鸽体重650～750克，年产蛋9～10对，可育成乳鸽6～8对。4周龄乳鸽平均体重550克以上。美国王鸽有多种羽色，其中白羽王鸽的抗病能力和对气候的适应性也强，屠宰率较高，屠体美观，最受市场欢迎。银王鸽的翅膀上有两条浅棕色的带，体重比白王鸽重，能达到 800～1 020 克，产肉性能优良。

杂交王鸽

又称东南亚王鸽、落地王鸽，由深圳光明农场从我国香港引进。与纯种王鸽相比，体型细长，体重稍轻，尾羽不上翘，繁殖率高。杂交王鸽优点是繁殖率高、母性好、适合我国广大地区饲养，现在该品种遍布于我国各地，尤其是北方地区，但出现明显的退化（表现为体重下降、乳鸽个体参差不齐）。杂交王鸽年产乳鸽 8～10 对，成年体重公鸽 650～750 克，母鸽 550～650 克，乳鸽 28 日龄体重达 550 克。有多种羽色，但白色羽最受欢迎，也最常见。

卡 奴 鸽

原产于法国北部和比利时南部，最初羽色为红色和黄色。白色卡奴鸽是美国棕榈鸽场于 1915 年开始培育，1932 年育成的。它是利用法国和比利时红色带有较多白色羽毛的卡奴鸽，与白色贺姆鸽、白色王鸽和白色仑替鸽等杂交育成。深圳市 1986 年引进了白羽和绛羽卡奴鸽，现仍有饲养。品种特点：站立时身体上挺，尾部刚刚离开地面，前额鼓圆，两眼间距宽，颈粗短。胸宽，胸肌丰满，屠体美观。翅膀短，羽毛紧贴。卡奴鸽育雏一窝紧接一窝，不停地哺育仔鸽，即使充作保姆鸽也能一窝哺 3～5 只，被公认为模范亲鸽和餐桌上品。成年公鸽体重 650～740 克，母鸽体重 600～690 克，年产乳鸽 9～10 对，28 日龄乳鸽体重 550～600 克。

新白卡鸽

新白卡鸽是深圳天翔达鸽业有限公司以白卡奴经定向选育而成的肉鸽新品系。该品种以法国白卡奴为原型，经 4 个世代 5 年选育而成。繁殖力强，属高产型品系。乳鸽 25 日龄体重，公鸽 580 克、母鸽530克。成年鸽体重，公鸽680克、母鸽600克。全身羽毛纯白、紧凑，体型中等。体型外貌基本保持卡奴鸽的特点，就巢性好，母性较强，繁殖性能好。年可产蛋10～12窝，年育成乳鸽16～20只。乳鸽肤色为灰白微红，肉质优良，脂肪少，结缔组织丰富。新白卡鸽因鸽其繁殖力强，作为杂交母本品系较好。例如，深圳天翔达鸽业有限公司推出的天翔Ⅰ号就是由深王快大系、新白卡高产品系配套杂交而成，乳鸽25日龄体重，公鸽700克、母鸽600克。

欧洲肉鸽

江阴市威特凯鸽业有限公司2002年从法国克里莫公司引进的高产品种。目前该公司存栏2500对，有3个曾祖代品系（Ⅰ、Ⅱ、Ⅲ型）。欧洲肉鸽体型大，胸部肌肉发达，体型优美，躯体中等长度，全身羽毛为白色。Ⅰ型繁殖性能优良，年可生产乳鸽12对。成年体重，公鸽750～850克、母鸽700～750克，乳鸽28日龄体重达600克。Ⅱ型属兼用系，体型和生产性能介于Ⅰ和Ⅲ型之间。Ⅲ型种鸽体型超大，成年体重，公鸽850～900克、母鸽800～850克，乳鸽28日龄体重达750克以上。欧洲肉鸽在我国适应性良好，生产性能良好，比较适合养殖。

泰深鸽

由深圳天翔达祖代种鸽场以法国泰克森为原型，经过4个世代选育而成，是国内目前唯一的雌雄羽色自别的肉鸽新品系，乳鸽在出壳后3～4天，基本可依毛色辨雌雄。泰深鸽体型中等，通常公鸽羽色为全白或少量黑白相间、黄白相间的羽毛，颈上有黑白或黄白花的项圈，母鸽羽毛为灰二线，与石歧鸽相似，年产乳鸽8对。成年体重，公鸽650～700克、母鸽600～650克，乳鸽28日龄体重达620克。泰深鸽因其雌雄羽色自别的特征，在国内鸽蛋生产中双母配对利用较多，在引种时全部引入母鸽，可以提高鸽群的产蛋量。

石 歧 鸽

为我国优良的肉用鸽品种之一，距今已有 100 年历史。原产地是广东省中山市石歧镇，是由海外侨胞带回的优良种鸽与中山本地优良鸽品种进行杂交培育而成的。广东省中山食品进出口有限公司石歧鸽场目前存栏石歧鸽 8 万余对，产品主要出口我国港澳地区和东南亚各国。石歧鸽体型与王鸽相似，但其身体、翅膀、尾羽均较长，形如芭蕉蕾。成年体重，公鸽 750 克、母鸽体重 650 克、年产乳鸽 7～8 对，28 日龄乳鸽体重 500～600 克。石歧鸽适应性强，耐粗饲，性情温顺，肤色好，肉有香味。蛋壳较薄，孵化时易破碎。但只要窝底垫料柔软，不夹杂沙石和硬粪团，破卵现象可大大减少。羽色灰二线和细雨点多见，红绛、花鸽也不少。石岐鸽已遍布我国各省，占我国肉鸽生产比例较大。

良田王鸽

良田王鸽是由广东省家禽科学研究所和广州市良田鸽业有限公司利用广东石歧鸽、美国白羽王鸽等品种配套杂交选育而成。目前存栏量 20 万对，乳鸽产品主要供本地和香港地区。良田王鸽胸部肌肉饱满，躯体中等长度，头颈尾部较似石歧鸽，尾羽稍上翘，呈小羽形，全身皮肤白色。生产性能良好，年可生产乳鸽 8 对以上。成年体重，公鸽 700～750 克、母鸽 550～650 克，乳鸽 28 日龄体重达 600 克。

深 王 鸽

深王鸽是由深圳天翔达牧工贸公司与广东省家禽科学研究所共同培育的肉鸽新品系。该品系以美国白王鸽为原型，导入本地白色石歧鸽优良性状，经过 4 个世代选育而成，属快大品系。深王鸽全身羽毛纯白，胸深背宽，尾羽短而平，头大颈粗，羽毛紧密，年产乳鸽 8 对。成年体重，公鸽 700～750 克、母鸽 630～700 克，平均年产蛋 10 窝，育成上市乳鸽 6.5 对，乳鸽 28 日龄体重达 680 克。

二、肉鸽引种技术

1. 引种场家选择　肉种鸽利用年限长，能否引进优良种鸽个体是决定养殖肉鸽成败与盈利的关键，因此要慎选引种场家，保证引进优良的品种。引种场最好选择建场时间长、育种经验丰富、有信誉和技术实力的良种肉鸽繁育场。供种企业种鸽存栏要求达到 2 万对以上规模，取得《种畜禽生产经营许可证》。考查引种场，应有系统的育种记录、生产记录和免疫驱虫程序，同时了解种源地肉鸽疫病发生情况，坚决做到不从疫区引种。

2. 品种选择　目前，国内肉鸽养殖品种较多，国外引进品种有美国王鸽、杂交王鸽、欧洲肉鸽等。目前国内饲养量较大的是杂交王鸽，繁殖率高、母性好、适合我国广大地区饲养。培育品种方面，新白卡鸽、深王鸽、泰深鸽等肉鸽良种已通过了国家审定。特别是泰深鸽实现了羽色自别雌雄，乳鸽阶段就可以根据羽毛颜色判定公母，解决了肉鸽早期性别鉴定难题，国内有用此鸽进行双母配对繁殖的鸽场，可以大大提高鸽群的产蛋性能。地方品种方面，石岐鸽在我国南方也有一定的饲养量。

3. 种鸽外貌与体重选择　肉鸽饲养主要产品为商品乳鸽。因此，在选择种鸽时要以乳鸽产量为主，兼顾乳鸽的羽色与上市体重。北方乳鸽市场喜欢白羽鸽，因其皮肤没有色素沉积，屠体美观，适合白条鸽销售。而南方市场对羽色没有过多的要求，对肉质的要求较高（胸肌发达、肌肉结实）。而活鸽市场有色羽肉鸽价格反而更高、更好卖，所以肉鸽养殖要多了解市场，在引种时加以选择。体重要求 6 月龄种鸽体重在 750～800 克，乳鸽 1 月龄上市体重 500 克以上。种鸽体重并不是越大越好，体重过大的种鸽在孵蛋时容易把蛋压破。而且体型太大，产蛋性能相对较差，孵化和育雏能力不理想；体型较小的种鸽，所产乳鸽生长发育速度较慢，上市体重达不到要求。

4. 引种年龄选择　肉鸽是多年繁殖禽类，6 月龄左右进入繁殖期，1～4岁的种鸽生产性能最高。因此引种最好引3～5月龄青年种鸽，此时已经进入性成熟阶段，公、母容易区分，可以通过性行为表现及耻骨特征进行鉴别，严格按照公、母1：1比例引种，引入后1～3个月即可配对繁殖，有效利用年限长。30～60日龄是幼鸽成长过程的关键时期，较难养，死淘率高，初养者不宜引进。注意不要引进老龄产鸽，年龄太大的种鸽利用期短，而且信誉差的供种企业会将淘汰下来的低产老鸽提供给市场。引种时要学会鉴定青年鸽和老龄鸽，防止上当受骗。

鉴定方法：首先观察羽毛。3～5月龄的青年鸽完成了第二次换羽，新羽干净、美观、富有光泽。而老龄鸽的羽毛粗糙，缺乏光泽。其次观察种鸽的头部。青年鸽的喙比较细长，看起来幼嫩而尖，细致有光泽，眼圈裸皮细致，鼻瘤粉红色并且有光泽；老龄鸽的喙粗而短，嘴角会出现茧子，不光滑，眼圈裸皮粗糙有皱纹，鼻瘤发白、粗糙、无光泽。最后看脚部。青年鸽的脚颜色鲜红，鳞纹不明显，趾甲软而尖；老龄鸽脚的颜色则变成紫红色，鳞纹明显，白色鳞片突出，趾甲粗硬而且弯曲。

5. 种鸽运输与到场后处理　种鸽抵抗力和适应性强，可以长距离运输。一般短途运输无死亡，长途运输死亡率控制在0.1%以下。运输时应按下列要求做好各项工作，以减少种鸽伤亡或严重应激造成的损失。

（1）**做好检疫与车辆消毒**　种鸽运输前15～30天在引种场检疫，检疫合格后由检疫部门出具种鸽检疫证明书，方可运输。种鸽装运时，运载种鸽的车辆、运输笼等工具必须在装货前进行清扫、洗刷和消毒，经当地畜禽检疫部门检查合格，发给车辆消毒证明。

（2）**运输笼具准备与装车**　种鸽运输笼具采用直径3毫米镀锌铁丝焊接而成，长、宽、高分别为60厘米、50厘米、20厘米，铁丝间距2厘米，底部铺塑料网片，防止鸽头、脚爪伸出挤伤，每笼装20只。运输车辆应带有顶棚，减少运输中风雨的影响。种鸽装车前不宜喂得过饱，每只鸽20～30克饲料即可，饮足清洁饮水。

运输前2～3天饮水中添加多种维生素以减少应激。采食后休息半小时后抓鸽、装笼、上车。装笼时相邻笼与笼之间要留10厘米左右通气空间，以防空气流通不畅闷死种鸽。

（3）**运输途中管理**　种鸽可以长距离运输，长途运输死亡率控制在0.1%以下。种鸽运输应按下列要求做好各项工作：炎热天气可利用早、晚及夜间行车，避开高温时间；寒冷的冬季，要利用白天暖和时行车，并关好车门、车窗，只留通风孔，注意防止穿堂风，以免引起种鸽不适或呼吸道疾病。驾驶人员休息、餐饮时间不能太长，运输过程中每2小时检查1次种鸽的动态，发现种鸽张口呼吸、羽毛潮湿，说明温度偏高；若种鸽缩头、打战，可能温度太低，都应及时采取措施。行车中注意不要急刹车，防止挤堆造成伤亡。

（4）**种鸽到场处理**　种鸽到达目的地后，应及时卸车，将周转笼放入已经消过毒的隔离鸽舍内，立即组织人员在最短时间内安置到饲养场地或种鸽笼内，在饮水中添加电解多维，缓解种鸽在运输过程中的应激或不良反应。供水过后开始喂料，饲料要保证营养全面。保健砂应每天供给1次，并适当增加甘草、穿心莲和龙胆草粉等中草药。青年种鸽每栏饲养数量50～100对为宜，以离地网上饲养为最佳。种鸽到达目的地后，根据检疫需要，在隔离场饲养，经检查确定为健康后，方可供繁殖、生产使用。

（5）**隔离期的饲养管理**　新进种鸽必须单独隔离饲养，至少观察4周，以防引入疫病传染大群。在此期间应及时根据免疫程序接种疫苗，若发现异常情况或发生传染病，应立即采取应急措施，并与引种场家技术人员或当地有关畜牧部门联系，请有经验的兽医来诊断治疗。特别是童鸽，正值生长发育阶段，对外界环境的适应能力差，改变饲养环境容易产生应激反应，而降低对疫病的抵抗能力。有的种鸽可能是某些疫病的病原携带者，引种后经过长途运输，这些病毒或病菌会乘虚而入，引起疾病的发生。隔离期要加强种鸽营养，精心管理，增强体质，预防疾病。具体措施可调整饲料中蛋白质饲料和能量饲料的比例，保持饲料营养充足，即蛋白质饲料占20%～25%，能量饲料占75%～80%，原粮种类多样化。饮水中定期加入速溶多维、金霉素或红霉素等抗生素。当气候暖和，鸽群精神状态好转时，进行1～2次药浴，以驱除体外寄生虫。若种鸽原为地面平养时，可用左旋咪唑驱除肠道寄生虫，离地平养可推迟至种鸽配对前半个月驱虫。

三、肉鸽留种技术

（一）肉鸽的选种方法

肉鸽的选种是在鸽群中按照肉鸽的留种标准衡量每一个个体，把品质优良的个体留做种用，把品质较差的个体剔除淘汰。选种是保持、改良品种和培育新品种（系）的重要手段。为选好种鸽，后备种鸽应满足种鸽存栏计划的150%～200%，在生产中进行严格筛选，直至选出符合条件的优良种鸽来。选种工作要结合本品种要求，从个体品质鉴定、系谱鉴定、后裔鉴定等方面综合考虑、分析、对比，最后做出科学的评判。

1. 个体品质鉴定　个体品质鉴定主要是通过观察、触摸和测量等手段对种鸽的外貌特征、健康状况及生产力等方面进行判断。

（1）**外貌特征**　种鸽应具备明显的本品种特征，还应体型大，体质强健，性情温顺，眼亮有神，羽毛光亮，无畸形，躯体长短适中。一般白色羽肉鸽在市场上普遍受到欢迎，价格较高。

（2）**健康状况**　所选种鸽发育良好，肌肉丰满，肌肤细腻，抗病能力强。

（3）**体重**　6月龄性成熟，上笼配对时要求公鸽体重在750克以上，母鸽体重在600克以上，不同品种要求略有差异。

（4）**生产力**　要求产蛋间隔短，蛋重大，抱孵性好，母性强，乳鸽生长速度快。一般要求年产乳鸽至少6窝，乳鸽25～28日龄体重达550克以上，及时淘汰产子数和乳鸽体重不达标准的种鸽。

（5）**年龄** 1～4岁的种鸽生产性能高，养殖效益好。引种最好引3～5月龄青年鸽，年龄太大的种鸽利用期短。

2. 系谱鉴定 根据肉鸽系谱中记载的祖先资料，如生产性能、生长发育及其他相关资料进行分析评定的一种种鸽选择方法。系谱鉴定多用于幼鸽的选择，因为幼鸽正处于生长发育时期，本身还没有生产成绩记录可供参考，用祖先资料可对其进行合理选择。在进行系谱鉴定的时候，参考资料应重点放在亲代上，尤其上代母鸽对儿女的影响更大，而祖代以上对后代的影响逐渐减小。另外，还要注意祖先遗传稳定程度，如各代祖先的性能都较整齐而且呈上升趋势，则说明这样的系谱较好，应注意选留其后代，而应淘汰一代比一代差的鸽子。

3. 后裔鉴定 主要是用后代的体型、体质、体重、产蛋、育雏、乳鸽生长速度、抗病力、饲料利用率等方面来衡量留用种鸽是否把优良性状真实稳定地遗传给下一代，从而证实留种的正确与否，然后做进一步的留用或淘汰选择。

（1）**后裔与亲鸽比较** 用子代母鸽的繁殖性能（主要是产蛋间隔和年产蛋量）同亲代母鸽进行比较，来判断亲代种鸽的优劣。如果子代母鸽的平均成绩超过其亲代母鸽，说明亲代公鸽是良好的种鸽。反之，则说明亲代公鸽是劣种。

（2）**后裔之间的比较** 同父本、异母本交配后代生产性能相比较，以此判定母本的优劣。

（3）**后裔与鸽群的比较** 种鸽后裔的生产水平与鸽群的平均生产水平比较，来判断父、母亲鸽的优劣。后代的优劣与双亲的遗传密切相关，但同时也受到环境条件的影响。因此，应注意给后裔提供与群体相同或相似的饲养环境和饲养管理方法。

生产实践中发现，优良的种鸽也有可能产生劣质的后代，属于正常的变异。在对种鸽进行后裔鉴定时，应根据以上三方面，进行全面比较，做出科学的判断。

（二）留用种鸽应具备的条件

经过科学的选种过程，被留作种用的肉鸽须具备以下条件：

1. 体型外貌　要求种鸽具有本品种特征，体型大，体格健壮，无遗传缺陷。体型结构匀称，额宽喙短，龙骨平坦，胸深，背宽长，胸宽背长，龙骨直，肌肉丰满，两脚间距宽。早期生长快的品种为好，这种生产种鸽的后代，饲料报酬高，经济效益好，市场竞争力强。一般消费者喜欢白羽的鸽子，因为白羽光鸽的皮肤为白色或粉红色，受到肉鸽饲养场的广泛青睐。另外，从遗传角度看，白羽对其他有色羽呈显性，当白羽鸽与其他杂色羽鸽杂交产生的子代鸽也为白羽。如果白色羽种鸽出现其他羽色后代，则坚决予以淘汰。

2. 繁殖率高　据生产记录选择产蛋多、孵性好、育雏好的种鸽继续留种，并把它们的后代作为留种的考查对象。而且留用种鸽年产子鸽须在 6 对以上，低于 6 对者淘汰。一般高产种鸽，孵蛋与哺雏重叠进行，在雏鸽出壳后 20 天左右，产下一窝蛋，雌、雄鸽一面孵蛋，一面哺雏，这种繁殖性能好的种鸽，每年可获 8 对以上的商品乳鸽。反之，如果要待雏鸽 30 多天离巢后，种鸽才能产第二对蛋的繁殖率低的种鸽，1 年只能生产 6 对以下的商品乳鸽。肉种鸽在 9～11 月份换羽，如果种鸽在此期间不停产继续繁殖，全年生产均衡，则可以将这样的种鸽及其后代选为种用鸽。

3. 性情温顺、抗逆性强　性情温顺的种鸽易于管理，因为肉鸽管理效果的好坏，与种鸽禀性关系密切，性情急躁易于受惊的种鸽不易管理，生产中间损失大；性情温顺的种鸽，容易接受管理，易于获得高的生产性能。抗逆性强的种鸽，在不良环境下很少得病，即便环境卫生稍差，仍能保持鸽体健康，功能旺盛，终年不见害病，甚至整个生命期间也不患病。

4. 孵蛋好，母性强　母性强的生产种鸽，既善于哺雏，又善于孵蛋。孵蛋期间，母性强的亲鸽很少发生离窝凉蛋的现象，更无离窝舍蛋的行为。母性差的种鸽，则时而出现离窝凉蛋行为，冬天经常发生冻死胚蛋现象，造成很大的损失。母性强的种鸽孵蛋时动作轻慎；反之，母性差的种鸽，孵蛋时动作粗拙，经常压碎蛋或把蛋拨出窝外，造成生产损失。而且这种"母性"是可以遗传的，应该留母性强亲鸽及其后代作为种鸽。

5. 育雏能力强　这是获得优质商品乳鸽决定性的条件。欲得体重大的商品乳鸽，除了饲料条件外，关键是要有善于哺雏的种鸽。哺雏能力强的亲鸽，能做到勤哺、满哺，经常把雏鸽喂得饱饱的。

（三）肉鸽品种的提纯复壮措施

长期以来，我国商品乳鸽大多以活鸽或白条出售，以只为单位结算，导致从业者过分重视数量而忽视了乳鸽上市体重。很多肉鸽养殖场为节省高额的引种费用，肉鸽的留种在小范围内反复进行，近亲繁殖现象严重，导致后续种鸽毛色混杂，生产、繁殖性能下降，肉鸽体型和体重呈下降趋势，乳鸽上市体重达500克以上的比例越来越少。有一些不良企业存在炒种行为，种鸽供不应求，生产跟不上，结果就速配、乱配，有鸽就是种，甚至把回收的乳鸽再作为种鸽卖，严重扰乱了种鸽市场。许多养鸽户由于对种鸽特征不甚了解，上当受骗，影响了生产效益。目前，从事肉鸽专业育种、保种的单位较少、人才更少，技术上存在缺陷，导致了引种渠道的杂乱，种鸽质量得不到保障。

1. 引起肉鸽品种退化的原因

（1）没有从正规种鸽场引种　一些肉鸽生产企业，为了贪图便宜，认为肉鸽都是纯种繁育，不进行杂交，不分代次，可以随意引种。因此引种时对供种鸽场不进行严格挑选，一些供种鸽场品种系统培育工作不完善，本身就存在品种退化问题，由于在引种时鸽种就不纯，遗传性能不稳定，所以引种后出现生产性能低下等退化现象就在所难免。

另外，某些种鸽本身就是血统不甚清晰的杂交代，遗传性能不稳定，繁殖后代容易发生性状分离，以致大部分种鸽都出现不同程度退化，体型大小不匀，整齐度差、毛色杂化，繁育性能明显下降，抗病力降低。

（2）**长期近亲繁殖（小群留种、供种）** 我国引进的国外品种，由于引种规模有限，被迫采用近亲（兄妹、父女、母子或表兄妹等）交配繁殖模式，导致后代出现近交衰退现象，主要表现为生产、生活力下降，尤其是繁殖能力下降最为明显。

（3）**种鸽生理功能衰退** 国内大多数种鸽场，种鸽从上笼一直到淘汰，多年连续繁殖，长期并蛋、并窝。前一两年往往生产性能较好，以后就出现繁殖疲劳。种鸽的利用期一般为5～7岁，年龄太大的种鸽也会出现生理功能的衰退。

（4）**饲养管理不当** 种鸽饲料、保健砂配制不合理，造成营养缺乏。饲喂时种鸽没有吃饱，特别是带幼鸽的种鸽，饲料采食量会成倍增加。一些鸽场未实行分阶段饲养，童鸽、青年鸽、种鸽共喂一个饲料配方。我国农村家庭养鸽的饲养环境粗放，不良环境条件的影响，使种鸽原有优秀性状和生产潜力得不到充分的表现和发挥，使生产能力下降，品质变差。

（5）**疾病原因** 很多鸽场卫生防疫工作做得不好，造成疫病流行，同样也会造成品种退化。病毒性传染病（鸽瘟、鸽痘）、细菌性传染病（副伤寒、大肠杆菌病）、真菌引起的疾病（念珠菌病、霉菌毒素）、原虫病（毛滴虫病、球虫病）等严重威胁种鸽的健康，一旦感染发病，就会引起鸽群生产性能的下降或停产换羽。

2. 肉鸽品种的提纯复壮措施

（1）**建立核心群，严格选择** 核心群的成员由鸽群中符合种鸽标准的个体组成。要求体型、羽色具有本品种特征，体质健壮，结构匀称，发育良好，无畸形。成年体重，公鸽750克以上、母鸽600克以上。年产乳鸽6对以上，所产乳鸽28日龄体重550克以上。及时淘汰达不到标准的种鸽。核心群种鸽年龄在1～4岁。

（2）**选择步骤**

①*初选* 首先选择体大、背厚、胸宽、尾翘、体重相近、体质强健、毛无杂色的雌、雄个体进行配对。公鸽个体重为750克以上，

母鸽个体重为650克左右。做好生产记录，根据生产性能记录分析后，将那些后代遗传性能不稳定，产出的月龄乳鸽达不到600克的，体型、毛色有变异的，乳鸽生产率、孵化率、受精率达不到6窝的产鸽予以淘汰。凡是7日龄达200克，25日龄达500克以上的具有亲鸽（如白羽王鸽）品种特征的后代为初选对象。

②复选　6月龄的公、母鸽个体分别达到750克和650克以上的，遗传性稳定的产鸽，确定为种用鸽，列为核心种群备选成员，配对公、母鸽要求同一品种，同一羽色类型，同时避免近亲交配繁殖。这样经2～3年选育，即有相当规模的核心种群。选配工作是培育工作的基础，只有掌握好选配技术，才能培育出优良种鸽和优良的品种群。

③最后鉴定　配对半年后（12月龄）进行，主要考查其生产性能，凡符合条件者为合格，补入核心群中。繁殖性能和后代生长情况，要求半年产乳鸽在3对以上，乳鸽28日龄体重在550克以上。

（3）**核心群的扩大和更新**　核心群的后代应做好系谱记录，根据后代情况对核心群种鸽进行后裔鉴定。把符合选择条件的优良后代加入核心群的同时，要及时将后代品质差（生产性能低，出现异色羽或畸形）的种鸽淘汰出核心群。从而使核心群不断扩大、更新，种质不断提高。

（4）**核心群的管理**　核心群是由肉鸽场最优秀的个体组成，要由专人负责选种、选配工作，专家指导，技术人员参与。要加强日常饲养管理，保证营养供应，严格控制环境条件，给核心种群创造一个合适的生产、生活环境。技术人员要做好各项记录：种鸽编号（初选体重、复选体重、羽色、年龄），生产记录（产蛋、孵化、育雏、乳鸽成活率等）。

3. 肉鸽良种繁育体系的建立　种鸽场的审批发证机关应严格把关，依法办事，按照《种畜禽管理条例》的要求，规范种鸽的生产、经营行为，杜绝无证经营、炒种及"是鸽就是种"的现象，从根本上解决品种混杂的问题。种鸽场应采用科学、先进的管理、繁育、饲养技术，有明确的选育目标，建立健全完整、系统的档案制度。政府有关部门应加大品种更新、技术更新和知识更新的力度，适时引进新的品种，补充新鲜血液，普及、推广育种知识，使选种选育、提纯复壮、提高种用价值及年限成为饲养者的自觉行为。规模较大的鸽场和地方，应与有关科研院所、高校等技术部门合作，开展育种工作，建立与区域化生产相配套的良种繁育体系，增强供种能力，提高品种质量。

四、肉鸽繁殖技术

（一）肉鸽的繁殖特点

1. 单配制 肉鸽的繁殖中，公母比例有别于其他家禽，肉鸽属于单配制禽类，特点是"一夫一妻"制，公、母鸽只有配对后才能繁殖后代。肉鸽3月龄达到性成熟后，表现求偶配对的行为。5～6月龄时再配对繁殖，公鸽表现主动积极，这时如果母鸽愿意，"夫妻"关系即可确定下来。接下来进行筑巢、交配、产蛋、孵化、育雏等一系列繁殖活动，而且由公、母鸽双方共同完成。肉鸽双母配对生产鸽蛋在国内一些鸽场已经取得了成功，但仍然需要在鸽舍中布置少量正常公、母配对的种鸽，否则双母配对后不一定产蛋。

2. 晚成雏 鸟类在幼龄阶段分早成雏和晚成雏两大类型。大部分家禽（如鸽、鸭、鹅、鹌鹑等）都属早成雏，出壳时眼睛已睁开，羽毛丰满，可自由活动觅食。而鸽子刚出壳时，全身只有少量纤细的绒毛，眼睛还没有睁开，腿脚无力，不能站立行走，不能独立觅食生活，必须依靠父、母亲鸽用鸽乳进行哺喂，直到25日龄左右，乳鸽才模仿亲鸽采食饲粮。由于肉鸽的这一繁殖特点，刚出壳的幼鸽很难人工饲喂成功。

3. 繁殖率低 肉鸽遗留了其野生祖先的周期性繁殖特性，每个周期内只产2枚蛋，接着就开始进行孵化、育雏；而且，鸽子的繁殖周期平均为45天，即每隔45天才产下2枚蛋。现在高产肉鸽品种每对种鸽年产乳鸽数也只有 10 对左右，而且这样的种鸽为数甚少。因此，做好肉鸽的繁殖工作，增加每对种鸽的年产乳鸽数，是增加肉鸽饲养收益的关键环节。

4. 种鸽利用年限长　种鸽的寿命长达 20 多岁，其繁殖利用年限也较长，一次引种可以多年生产。肉种鸽的利用年限一般为 5～7 年，但生产中发现 1～4 岁的种鸽繁殖性能高，4 岁以后逐渐下降。表现产蛋间隔延长，孵化率下降。生产中对低产老龄鸽要及时淘汰，更换新的后备种鸽。在生产中一些鸽场对老龄鸽不舍得淘汰，甚至选择老龄鸽的后代留种，这样很容易造成品种退化。做好生产记录，随时淘汰低产的种鸽。

（二）肉鸽的公母鉴别

肉鸽不同于其他家禽，属于晚成雏禽类，单配制配对繁殖，只有合理配对才能提高种蛋受精率与孵化率，提高乳鸽产量。准确鉴别肉鸽公母，对于肉鸽配对繁殖工作具有重要意义，同时也有利于肉鸽引种、选种工作的开展。肉鸽两性羽色基本相同，体型大小差异也不明显，不能很直观地进行公母判断，需要一定的技术和经验。3～6 月龄肉鸽陆续进入性成熟阶段，要求饲养人员能够准确区分雌雄，按公母比例 1∶1 留种配对。

1. 外观鉴别　同一品种的肉鸽，一般公鸽体型略大一些，腿脚粗长。公鸽头大颈粗，头顶隆起呈圆拱形，喙宽厚而稍短，鼻瘤大而突出。母鸽体型紧凑，羽毛紧贴皮肤，头小颈细，头顶扁平，喙窄而稍长，鼻瘤小而扁平，面部清秀，胫趾细小。公、母肉鸽外观虽然有差异，但很难准确判断，生产中不能仅凭外貌来鉴定公母。

2. 触摸鉴别　触摸鉴别需要将肉鸽保定，用手捉鸽时，公鸽抵抗力较强。肉鸽进入性成熟后，母鸽的腹部容积增大，为卵巢和输卵管的发育提供足够的空间，同时耻骨间距变宽。用手摸肉鸽胸腹部及肛门下方，母鸽两耻骨间距离较宽，2 厘米以上，且耻骨有弹性，耻骨与龙骨末端距离也较大。而公鸽龙骨突较粗长且硬，龙骨末端与耻骨间距较窄，耻骨间距小。触摸鉴别对于开产后（6月龄以上）的种鸽准确率较高，但对于3～6月龄种鸽，不能仅以此来判断，还需要结合公、母鸽的性行为表现来掌握。

3. 性行为表现　3月龄以上的肉鸽陆续进入发情期，公、母鸽如果在同一场地饲养，公鸽常追逐母鸽或绕着母鸽打转，且颈羽、背羽竖起，颈部气囊膨胀，尾羽散开如扇形，频频点头，发出"咕咕"叫声。公鸽尾羽常拖地，因此尾羽末端较脏（图3-1）。母鸽则较温顺，刚开始快速躲避公鸽的求爱，3～5天后逐步接受公鸽，慢慢走动，半蹲着接受求爱，最后互相梳理羽毛。根据性行为表现能够很好鉴别公母，但需要饲养人员有耐心，多观察，逐步判断。3～6月龄的青年鸽要求公、母分开饲养，避免出现早配，影响以后的生产。6月龄种鸽进入繁殖期，要及时配对上笼，为后期的繁殖做好准备。

图3-1　公鸽追逐母鸽

4. 孵化时间不同　公鸽孵蛋时间约为每天上午9时到下午4时，其他时间均为母鸽负责。在母鸽孵化时，公鸽大部分时间都站在巢附近，保护和监督母鸽孵化。初养鸽者可以据此进行外貌、触摸特征和行为来学习鉴别。肉鸽公母辨别见表3-1。

5. 肉鸽早期性别DNA分子鉴定　以上介绍的肉鸽公母鉴别方法是肉鸽养殖人员长期观察得出的经验鉴别方法，由于人的识别判断是模糊的，单靠经验对雏鸽进行性别鉴定，准确率不会超过

表3-1　肉鸽公母鉴别表

项　　目	公鸽特征	母鸽特征
外观体格	体型大，腿长，雄壮，活泼好动	体型小，温顺，不爱多动
头颈部	头大而圆，颈部粗短	头小，颈部细长
喙和鼻瘤	喙粗短，鼻瘤大	喙细长，鼻瘤小
性行为表现	发情明显，追逐雌鸽，尾羽打开呈扇形。发出"咕咕"的叫声，并向雌鸽频频点头示爱	发情不明显，受到雄鸽追逐，无叫声，到处躲藏
耻骨特征	耻骨硬，两耻骨间距窄	耻骨软，两耻骨间距宽
孵蛋时间	白天孵蛋	夜晚孵蛋

90%。随着分子生物学的发展，利用鸟类的遗传物质进行性别鉴定技术应运而生。人们在对鸟类和禽类性染色体Z和W的研究时发现，鸟类的染色体解螺旋蛋白DNA结合基因（CHD基因）位于性染色体上，根据CHD基因内含子在Z和W染色体上不同，设计出特定的DNA分子扩增引物，扩增该基因的不同长度片段。扩增结果和检测个体实际的性别比对表明，所有雌性个体表现为2条，所有雄性个体表现为1条带，鉴别准确率达到了100%。目前，雏鸽性别鉴定的分子生物学方法主要用于科研机构和一些专门从事雏鸽性别鉴定的商业公司的试验研究，主要原因是现有性别鉴定技术效率低，鉴别时间长，鉴定成本高等，这些因素制约了其在生产实际中的应用。为解决这一瓶颈问题，北京市农林科学院畜牧兽医研究所张莉等（2016），在常规聚合酶链式反应（PCR）技术的基础上，采用羽毛和血液样本，不提取雏鸽基因组DNA，采用新的裂解液，并筛选了敏感引物，直接利用引物扩增CHD基因的特异性片段，以鉴定雏鸽性别，简化采样方法，大大缩短鉴别时间。羽毛可以作为鉴定DNA的材料，特别是当一些鸟类个体年龄较小或采血较困难时，羽毛样品采集就显得更为重要。本研究用羽毛样品进行试验，采用羽髓裂解物作为检测模板，结果显示，用羽毛作为样品完全可以满足鸽子性别鉴定的要求。

[案例4] 引种时性别比例失衡

山西省怀仁县某肉鸽养殖户，2010年初次发展肉鸽养殖就受到了挫折。由于自身缺乏肉鸽雌雄鉴别技术，引回来的种鸽公鸽大大多于母鸽，最后上笼时无法公母配对，最后不得不将多余的公鸽低价屠宰出售，既浪费了高额的引种费用，又增加了前期饲料、劳动力等饲养成本。有时一些不良供种企业故意低价出售劣质种鸽或用公鸽来冒充母鸽来欺骗消费者，因此引种性别失衡在全国范围内都普遍存在。

专家点评：

肉鸽养殖购种者普遍有一种心理，他们认为肉种鸽体型越大越好，这样后代生长就快，因此在选购时尽量挑选体格大的种鸽，其实这样做的后果是公鸽比例肯定高。因为公鸽的生长速度快，成年体重也较母鸽大。作为正规供种企业来说，从信誉来说也不希望卖出去的种鸽公母比例失衡，但其公母鉴别技术也不过关，当然也存在不良企业、商贩为了追求短期利益故意而为之。鸽子属于一种单态性鸟类，其公母外貌形态差别甚微，不像鸡形目鸟类从外形上可以很好区分公、母，要想准确判断公、母鸽必须等到性成熟（3月龄后）或成年（6月龄）。肉鸽早期性别DNA分子鉴定技术的出现，解决了肉鸽早期（1月龄内）性别鉴别难题，对于选种、留种、引种意义重大，属于肉鸽公母鉴别的技术性革命，随着实验技术的改进和鉴别成本的下降，必将得到推广应用。

（三）肉鸽的繁殖过程

1. 肉鸽的配对 肉鸽3～4月龄性成熟，5～6月龄配对。有自然配对和人工强制配对两种方式。

（1）**自然配对** 首先将6月龄发育成熟的种鸽按照公母1：1比例放入同一场地散养，场地四周设置巢窝，由公、母鸽自行决定配偶，配对成功后，公、母鸽互相梳理羽毛，在同一巢窝中交配产蛋。此时，饲养人员在晚上将在同一巢窝中的公、母鸽抓出，放入同一繁殖笼中饲养，这种配对方法称为自然配对。自然配对的种鸽夫妻关系维持较好，能相处较长时间，甚至终身不变。自然配对工作的关键是做好配对场所的准备，在较短时间内完成配对任务，准确辨认配对成功的组合。自然配对容易出现近亲交配，而长期近亲交配会出现鸽群近交衰退，因此应通过种鸽脚号来识别亲缘关系，避免近亲交配。自然配对成功后，公、母鸽会接吻，公鸽张开嘴，母鸽将喙伸入公鸽喙角，公鸽会似哺乳一样做哺喂动作。亲吻后，母鸽自然蹲下，接受交配。

（2）人工强制配对　将发育成熟的种鸽鉴定性别后，按照一公一母直接放入同一繁殖笼中饲养，人为决定种鸽的配偶，称为人工强制配对。与自然配对相比，人工强制配对不需要专门的配对场所，方法简单易行，被大多数养鸽场所采用。同时，人工强制配对也有利于育种工作的开展，完成合理选配，有利于后代的定向培育。人工强制配对要求公母鉴别准确度高，一般要由专业人员或有经验的饲养人员完成。这种配对方法一次成功率不是很高，配对后要多注意观察配对情况，一旦发现打斗，要及时分开，重新配对，否则会出现严重后果。正常配对的公、母鸽配对后很友好，相互亲嘴、梳理羽毛，有时公鸽会喂食给母鸽。经过2～3天后相互熟悉，公、母鸽开始交配、暖窝，配对后7～10天产下第一窝蛋。

配对后几天内，要多观察、记录，将不良配对的种鸽进行重新配对。有时由于饲养人员鉴别错误，将两只公鸽配在一起，往往有打斗行为，但有时也能和平共处。所以，饲养人员要勤观察，若配对后长时间不产蛋，应考虑是否为两只公鸽配对。将两只母鸽配对，一般很少打斗，可能短时间产出4枚蛋。有时虽然公母鉴别正确，但配对后公、母鸽会出现打斗行为，这属于感情不和，发现后应尽早隔离，重新配对。

2. 筑巢与就巢行为　成功配对后的种鸽第一个行动就是筑巢，为产蛋做准备。开放式饲养，一般公鸽去衔草，母鸽来筑巢。笼养肉鸽活动范围受到限制，要求饲养人员准备巢盆垫料，在笼内巢架上放置塑质巢盆，并铺上柔软的垫料。巢盆有了以后，公鸽开始时严厉限制母鸽行动，或紧追母鸽，至产出第二枚鸽蛋时停止上述跟踪活动。母鸽一般在临产蛋前有守巢窝和蹲巢窝行为，产完2枚蛋后开始正常孵化。个别鸽无蛋蹲窝，称懒孵。

日常管理要求：新上笼的种鸽需配给舒适的巢盆和垫料，让其尽早习惯就巢、产蛋、孵蛋，巢盆位置要合适，方便种鸽上下窝及配种。弃蛋不孵时合理调拼处理，懒孵时供给蛋让其孵化，长期不产蛋懒孵母鸽应淘汰。

3. 发情交配行为　在开阔场地，公鸽追逐雌鸽，颈部气囊充气膨胀，频频抬头点头，尾羽和翼羽散开擦地行走，踱着方步。靠近后用喙梳理雌鸽颈毛，相互亲嘴，母鸽与公鸽调情至适度时，尾羽伸展半蹲伏下接受公鸽的爬跨，然后公鸽尾部歪向一侧，调整身躯与母鸽的泄殖腔紧贴，把精液射入母鸽生殖道内。交配完后公鸽从母鸽身上跳下来，两鸽精神兴奋，个别鸽继续保持亲热状态。经产鸽，在产蛋前3天，多为母鸽主动求偶，表现为不断发出低声"咕咕"叫声，靠近公鸽，向公鸽腹下做蹲伏行走状；公鸽发出高昂的"咕咕"叫声，做衔草动作，不久即行交配。日常管理应注意观察鸽的发情、交配周期长短，熟悉掌握鸽发情周期的变化规律及征兆，在发情交配期间保持安静，减少干扰，及时处理发情周期延长或无发情行为的鸽。

4. 产蛋　发情交配完的母鸽7～10日开始产蛋，第一枚种蛋产出后44小时产下第二枚种蛋。临产蛋前母鸽有寻巢窝及蹲巢窝行为。肉鸽蛋重18～26克，平均21.5克，第二枚蛋略重，蛋壳白色，便于照检。高产鸽一般在仔鸽出壳7～17天就产下一窝蛋，两窝蛋间隔时间为35～45天，若产蛋后将蛋取走，不让亲鸽孵化，产蛋的间隔时间也会缩短。日常管理要求仔细观察鸽的发情配种状态，产蛋前母鸽的精神状态，及时提供给蛋巢及垫料，及时迁移乳鸽，腾出空巢窝让鸽产蛋、孵蛋，保持巢窝等的干净、干燥。乳鸽及早上市或人工育肥，降低乳鸽对亲鸽的干扰，减轻亲鸽的负担。

5. 孵化 大多数种鸽等两枚蛋全部产下后，才开始进行孵化，有些刚开产的青年鸽产出第一枚蛋就开始孵化。孵化任务由公、母鸽共同负担，孵化期18天，由公、母鸽轮流抱孵。

孵化第3～5天进行第一次照检，灯光下透视，若见分布均匀的蜘蛛网样血管，系正常发育受精胚，否则为无精蛋和死精蛋，需挑出。孵化一段时间后，亲鸽有翻蛋、晾蛋行为，用喙和脚慢慢将蛋翻转或移动后再继续孵化。孵化到第10天，应做第二次照蛋检查，如见到一侧气室增大，另一侧全黑，则胚胎发育正常，否则为死胚胎；孵化后期，父、母亲鸽在换孵、采食时短暂离巢，进行晾蛋。

日常管理要求：记录产蛋日期，仔细观察检查亲鸽的孵化过程，及时照蛋，分清鸽弃孵和晾蛋行为，防止鸽受惊吓、打斗、寄生虫等因素影响，造成鸽不孵蛋。孵化到第十五天，可用18℃～20℃温水清洗蛋壳上的污物并浸润蛋壳，以利乳鸽出壳。

6. 育雏 雏鸽刚出壳时软弱无力，多数羽毛未干，卵黄囊未被吸收完全而腹部呈膨胀状，卵黄囊一般在3～6天吸收完毕。乳鸽出壳后不久就有受喂行为，乳鸽仰起头，抬起身，将喙伸入亲鸽的口腔内，接受亲鸽吐喂的鸽乳。乳鸽饥饿时，会伸颈张开喙寻找亲鸽哺喂，并发出"唧唧"寻食声音，刺激亲鸽分泌鸽乳。亲鸽哺喂的前三天完全是鸽乳，4日龄以后逐渐加入饲料，7日龄以后鸽乳停止分泌，完全依靠亲鸽吃进去的饲料来哺喂。鸽乳营养丰富，乳鸽在哺乳期生长发育极快，乳鸽出壳重仅17克左右，到1周龄时体重可达140～144克。乳鸽4～5周龄时，羽毛已长成，常常离开巢窝，并扑着翅膀行走，学会独立采食、饮水。

7. 乳鸽的争巢窝行为 乳鸽生长一段时间后，有少许自立能力，亲鸽开始产下一窝蛋并开始孵化时，乳鸽常蹲在巢窝内与亲鸽争巢窝。

日常管理要求：乳鸽尽可能早上市，最早23天即可上市。放一个空巢盆或一块巢布或塑料网片于笼底，让乳鸽休息，降低乳鸽对亲鸽的干扰，巢盆及巢布必须保持干燥、清洁。

（四）提高肉鸽繁殖率的措施

肉鸽属单配制晚成雏禽类，为周期性繁殖，一窝产下 2 枚蛋后开始孵化、育雏。因此，肉鸽相对于其他家禽繁殖力有限，每对种鸽生产的乳鸽数量，直接影响肉鸽场的经济效益。提高种鸽生产的乳鸽数，使每对种鸽年产 8～10 对甚至 10 对以上，则能大大提高鸽场的养殖效益。因此，如何提高肉鸽的繁殖率，使每对种鸽能够繁育更多的乳鸽提供市场以获得更大的经济效益，是目前肉鸽生产中首先要解决的关键问题。

1. 创造适宜的饲养环境　鸽舍内温度、湿度、通风应当调节好，要做到冬暖夏凉、干燥清爽。鸽舍的适宜温度为 18℃～24℃，理想空气相对湿度为 55%～60%，通风良好，光照充足。冬季天气寒冷时影响自然孵化，注意关闭门窗来保温，但在中午前后要适度通风；夏季天气炎热，肉鸽烦躁不安，孵化后期易引起死胚，要加强通风等措施来降温。另外，鸽场可根据季节的不同，自然光照不足的部分应人工补充光照，每天保证 16 小时光照时间。

2. 做好留种工作　选择繁殖率高、孵化性能好的种鸽留种。在饲养过程中，根据生产记录，发现产蛋、孵化性能均好的种鸽，选择其后代进行留种，坚持自繁自育，建立高产核心群。根据生产记录及时淘汰生产能力低下（年产乳鸽 6 对以下）的种鸽；同时，要及时发现抗病力强、胸肌丰满、繁育能力和孵化能力都比较好的种鸽，选择其后代进行留种。通过自繁自育，逐步提高种鸽的繁殖率。对留种的种鸽进行编号，编制系谱，配对时注意避免近亲繁殖。选育的种鸽要体型优美肥大，公鸽 750～800 克，母鸽 650～700 克为最佳配偶。开始配对阶段，要淘汰晚熟个体，淘汰常产单蛋、畸形蛋或母性差、在孵化过程中发生死胚及常育雏不成的种鸽。

3. 合理并蛋、并窝　生产实践证明，每对种鸽可以同时孵化 3 枚蛋，生产中可以灵活调种蛋。在种鸽孵化过程的第 4～5 天进行照蛋检查，剔除无精蛋、死胚蛋，剩下的蛋可以并窝孵化，一般每2～3枚蛋并成1窝。初产鸽若产2枚蛋仍不孵化的，也可全部并入其他种鸽窝内孵化。并蛋后，不再孵化的种鸽，过10天左右又会产蛋。通过并蛋，提高了种鸽群的产蛋量。

生产中1对种鸽可以同时哺育3只乳鸽。有的种鸽1窝只孵出1只乳鸽或者1对雏鸽中途死了1只，可以将日龄相近的乳鸽并窝。这样，使无哺育任务的种鸽过10～12天后可以重新产蛋孵化，从而提高种鸽的产蛋率和产仔数，有效地提高了鸽场的繁殖效率。人工孵化出来的乳鸽，可按每窝3只放入保姆鸽巢窝中育雏。

4. 采用人工孵化技术 肉鸽人工孵化基本操作要求和方法与孵化鸡蛋大致相似，只是孵化蛋盘不同，孵化温度略有差异。具体过程如下：在种鸽产下2枚蛋后即拿走鸽蛋，保姆鸽放入塑料假蛋，用小型孵化机进行鸽蛋集中人工孵化。非保姆鸽在拿走蛋后10天左右，种鸽又会产下2枚蛋。孵化至16天左右将胚蛋按每窝3～4枚放回保姆鸽巢盆中，替换出假蛋，之后保姆鸽只需再孵1～2天，乳鸽即会出壳，出壳后的乳鸽由保姆鸽哺喂。这样，种鸽的平均产蛋周期将缩短，充分发挥了种鸽的生产潜力，大大提高了繁殖率，同时也保证了乳鸽的质量。

5. 乳鸽人工哺喂 人工哺育与亲鸽自然哺育比较，可以减少亲鸽哺育的生理负担，缩短产蛋间隔，提高繁殖力，同时乳鸽增重率可提高10%以上。生产中，出壳的乳鸽通常在亲鸽和保姆鸽喂养至15日龄后进行人工哺育，日龄太小的乳鸽人工哺喂成活率低。人工补喂方法详见第六章相关内容。

6. 加强种鸽营养 肉鸽以植物性饲料为主，并喜食粒料，在生产中可直接喂给一定比例的谷物类饲料和豆类饲料，但鸽子有挑食行为，容易造成饲料浪费；同时，由于鸽子挑食而导致营养不平衡，从而影响其生长发育和繁殖。为了充分发挥种鸽的生产潜力，颗粒饲料在肉鸽养殖上的应用越来越多。生产实践证明，在使用一定量的全价配合颗粒饲料后，种鸽的年产乳鸽窝数、种蛋孵化率和乳鸽上市体重都有所提高。保健砂是肉鸽养殖中不可缺少的矿物质饲料，合理配制、使用保健砂不但能保证种鸽的身体健康，使种鸽多产蛋，种蛋的合格率、受精率和孵化率得到提高，而且还能促进乳鸽生长发育，防止乳鸽患骨软症。保健砂要求新鲜，最好能现配现用。笼养种鸽易造成鸽群缺乏维生素 A，维生素 D，维生素 E 和 B 族维生素等，影响种蛋的受精率与孵化率。为了提高种鸽繁殖能力，在饮水中要定期添加禽用多种维生素。

7. 繁殖疲劳的预防　有一些鸽场，上一年种鸽的繁殖率很高，养殖效益好，但第二年全群种鸽繁殖性能大幅度下降，鸽场亏损严重。究其原因，很大程度上是由于种鸽繁殖疲劳所致。种鸽长期产蛋、孵化、哺喂幼鸽，再加上营养跟不上，出现营养不良，消瘦，容易受到环境应激影响。冬季气候寒冷，如果仍然让种鸽产蛋繁殖，实际上得不偿失，第二年生产性能肯定会降低。预防繁殖疲劳除了平时要注意鸽群营养外，最好在冬季有 1～2 个月的休整期，下笼散养或只收蛋不育雏。

（五）肉种鸽繁殖异常原因与对策

1. 产鸽停止产蛋

（1）**年龄太大引起停产**　年龄超过 5 岁的种鸽，由于生殖功能降低或消失，造成产蛋减少甚至停产。在生产中，对年产 6 对以下的老龄鸽应坚决淘汰，平时要做好后备鸽群的选留，及时补充到繁殖鸽群。

（2）**换羽引起停产**　这种停产具有季节性。种鸽一般每年换羽 1 次，换羽期长达 1～2 个月，换羽期间部分鸽出现停产，致使鸽群产蛋量下降。南北方换羽时间有差异，中原地区种鸽于每年的夏末秋初（9～11 月份）换羽。一般高产鸽换羽持续时间短，低产鸽持续时间长。在换羽期间增加鸽群的营养和加强饲养管理可以减少换羽对产蛋量的影响。

（3）**病理性停产**　引起鸽群产蛋量下降的疾病种类很多，某些急性传染病，如新城疫、鸽痘等易被人们所重视，并采取一定的措施加强防制。有些隐性感染的疾病则常被忽略，而生产上引起产蛋量异常下降的原因往往是因为这些疾病的存在。以线虫为主的内寄生虫，鸽轻度感染时无明显症状，对产蛋量无大的影响或使产蛋周期延长，重度感染时可表现为面颊灰白、贫血、消瘦，出现腹泻，产蛋停止；鸽虱寄生在体表或羽毛上，叮咬使鸽不安，引起鸽的食欲下降，体质衰弱，生产性能降低。成年鸽感染副伤寒后不表现症状，但卵巢可受到侵害，使母鸽产蛋紊乱或永久性停产。因此，平时就应注意清洁卫生，改善环境设施，做好鸽瘟、鸽痘的疫苗接种工作。定期驱除鸽体内外寄生虫，进行预防性投药。

（4）**营养性停产**　哺育期的种鸽采食量相对较大，喂料量不足会引起种鸽停产。相同生育期的种鸽在不同季节营养需要量也不一样，一般来说，随着气温的下降，营养需要量逐渐增大。另外，饲养人员的不规范操作，造成喂料量不足。合理配制保健砂，饲料原粮要多样化，在饮水中补充维生素。只要能根据种鸽营养需要量及时调整喂料，一般数天后全群产蛋量即会有所回升。种鸽过肥也会造成产蛋减少，甚至停产。当产鸽过肥时，可在一段时间内减少饲料的饲喂量或拼给仔鸽代哺，待其体质恢复正常后再饲喂正常饲料量。

（5）**过度疲劳**　种鸽上一年产蛋、孵化任务太重，下一年繁殖率会显著下降。有的鸽场经常会连续让种鸽孵3～4枚蛋、哺喂3～4只乳鸽，极易引起产鸽的过度疲劳，体质功能降低，特别是生殖功能降低最为明显。措施：对高产鸽可间隔地把其仔鸽拼给其他亲鸽代哺，以减轻负担，恢复体质；平时也应合理并蛋、并窝，这样可以避免产鸽的过度疲劳而停止产蛋。在每年冬季，结合换羽最好有1～2个月的休整期。不要长时间并蛋、并窝。

（6）**药物或疫苗影响**　肉鸽在上笼配对前应做好一切疫苗接种工作，在生产期间接种疫苗会引起停产。另外，一些药物如磺胺类药物等会引起停产，在产鸽中应禁止使用。

（7）**环境因素**　种鸽处于极端恶劣环境条件下会出现停产。光照和种鸽的生殖活动、新陈代谢及采食行为都有一定的关系。冬季昼短夜长，如果不补充合适的人工光照，过短的光照时间会使种鸽的繁殖功能减退。同时，因采食时间短，也会造成鸽群摄入的营养不足，导致产蛋量的下降。冬季舍内温度低于10℃，舍内严重通风不良，有害气体超标等都会造成产蛋停止。

（8）**应激因素** 应激引起的产蛋量异常的程度与应激强度和持续时间有关，强而持续的应激对生产性能造成严重影响。常见的应激因素有：高温、高湿、低温、缺水、断料、噪声、疫苗接种、有害气体等。应激的控制主要是消除应激因素，给鸽群创造一个舒适、安静的生活环境，实行规范化操作，合理调配饲料营养，根据需要使用一些抗生素等药物。

2. 种鸽不孵蛋 生产中会发现一些种鸽产蛋后不就巢孵化，或者前期正常孵化，在接近出壳阶段停止孵蛋，造成大量的死胚蛋。应分析原因，采取相应措施避免出现种鸽不孵蛋现象。

（1）**饲养环境的变化** 鸽舍设计不合理，夏季炎热，冬季寒冷，有害气体浓度超标，光线过强，环境噪声等都会造成种鸽不孵蛋。靠近窗户的鸽笼采用深色布围罩巢窝，创造幽静的孵化环境。尽量创造舒适、安静的孵化环境。

（2）**动物的侵袭** 猫和老鼠是鸽子的天敌，养鸽场要做好灭鼠工作，同时防止野猫进入鸽舍。孵蛋期种鸽受到猫和老鼠的侵袭，不能安心孵蛋，会造成死胚蛋增加。

（3）**巢盆中垫料不合适** 温暖、舒适的巢盆环境是种鸽理想的孵蛋环境。巢盆垫料潮湿、污染、缺少垫料都会引起种鸽不孵蛋。种鸽配对放入笼中后，在巢盆中准备好垫料，如海绵、布垫、麻袋片、地毯等，要求洗净、消毒。生产中要随时换掉脏的垫料，更要避免巢盆中垫料的缺失。

（4）**外寄生虫病** 羽虱、螨虫、蚊子等侵袭种鸽，使其浑身瘙痒，不能安心孵蛋。每年春秋季节进行体表驱虫。驱虫药：氰戊菊酯乳油、溴氰菊酯乳油、二氯苯醚菊酯。喷雾或药浴法：间隔7～10天再用药1次，效果更好。阿维菌素按每千克体重0.2毫克，混饲或皮下注射，均有良效。

3. 种鸽不哺喂　正常情况下，乳鸽一出壳，亲鸽就开始哺喂，如果雏鸽出壳 5～6 小时后，亲鸽仍不哺喂雏鸽时，需要仔细检查和寻找原因。

（1）母性不好　有的种鸽对其所产仔鸽不关心、不哺喂，不能留作种用。应选择哺喂能力强，而且所产乳鸽生长均匀且增重快、肌肉丰满的种鸽。

（2）初产亲鸽　常常发生在亲鸽所孵出的第一窝乳鸽，亲鸽还没有学会哺喂。应人工诱导哺雏。诱导哺雏方法：把雏鸽的嘴轻轻地放到亲鸽的嘴里，经过几次诱导，亲鸽就会了。

（3）疾病原因　如果亲鸽患病，会出现精神差、不哺喂乳鸽现象。这时要及时隔离治疗，并让其他同期或近似同期孵雏的亲鸽代哺。

4. 种蛋受精率低

（1）年龄因素　老龄种鸽容易产下无精蛋，应对所有种鸽做好照蛋记录，及时淘汰。许多品种尤其是重型品种的年轻种鸽易产无精蛋，一般产第一窝无精蛋比例高达 50% 以上，这属于正常现象。

（2）配对不当　公母感情不和、青年鸽提前上笼配对时种蛋受精率均较低。配对后多观察，感情不和要重新配对；青年鸽要避免早配，6 月龄配对最合适。

（3）生殖障碍　公鸽生殖道疾病、性欲差、精液品质不良。需要淘汰有病的公鸽，保证营养，提高性欲和交配次数，避免种鸽过肥。母鸽生殖道异常，蛋壳异常无光泽，受精率低。

（4）种鸽饲料营养不合理　公鸽营养不良、蛋白质缺乏、维生素 A、维生素 E 缺乏都会造成性欲差、精液品质不良。要注意谷类饲料和豆类饲料的搭配合理，一般比例为 7∶3。注意饲料不能发霉变质。保健砂要配制合理，现配现用。

（5）种鸽泄殖腔周围羽毛太长、太密　针对经常产无精蛋的种鸽可采取剪毛的措施（泄殖腔周围），使公鸽和母鸽在交配的过程中不受尾毛的影响，从而减少无精蛋的数量。

（6）冬季补充光照　冬季昼短夜长，光照不足，对种鸽繁殖生产不利，一般应于晚上鸽舍补充人工光照3～4小时，这样能够有效地提高种鸽产蛋率、受精率和乳鸽的体重。光线要柔和，不宜太强或太弱，并定时开灯，一般鸽舍每日光照16～17小时。

（7）两窝蛋间隔时间过短　若一对鸽子失去了所产的蛋而很快又产下一窝蛋，则后产的这一窝很可能是无精蛋。措施：人工孵化取蛋后放入假蛋延长产蛋间隔。

（六）肉鸽的人工孵化技术

1. 鸽蛋人工孵化的意义　鸽子属晚成雏鸟类，刚孵出的幼鸽不能独立活动觅食，需要由亲鸽哺喂才能正常成长，人工哺喂也需要幼鸽长到一定日龄（7日龄以上）才容易成功，因此鸽蛋人工孵化在生产中用得并不多。但经过近几年肉鸽业的发展，鸽蛋的人工孵化在一些规模养殖场（户）实施，取得了很好的效果。

（1）缩短肉鸽产蛋繁殖周期　鸽子每产2枚蛋以后，将蛋从巢盆中取出，进行人工孵化，种鸽很快就会产下一窝蛋，产蛋周期平均为10～11天，而鸽蛋自然孵化的种鸽产蛋周期平均为39天。生产中一般的做法是：将鸽蛋取出后，放入仿真蛋（塑料假蛋），人工孵化16天后用胚蛋换出仿真蛋，每对保姆鸽可以继续孵蛋3～4枚，这时保姆鸽的嗉囊已具有泌乳功能，出壳后就能正常自然哺喂，非保姆鸽在拿走蛋后很快又会产2枚蛋，这样就缩短了鸽群的繁殖周期。

（2）减少鸽蛋的破损率　在自然孵化条件下，父、母亲鸽经常需要轮班换孵，在采食时也需要离开巢盆，这样在频繁进出巢盆过程中易将蛋踩破；由于巢盆缺乏垫料或垫料不合适常易将蛋弄破。生产中有的鸽场鸽蛋的破损率高达50%以上。采用人工孵化和育雏，可大大减少孵化过程中鸽蛋的破损。据报道，鸽蛋采用人工孵化后，蛋的破损率可减少至5.7%。

（3）提高种蛋的受精率与孵化率　将蛋取出后的种鸽，自然交配频率会更高，种蛋的受精率明显提高；自然孵化时，有时候种鸽由于种种原因在孵化中途出现不孵蛋现象，造成死胚蛋增加。研究发现，人工孵化后受精蛋和入孵蛋的孵化率可分别提高 12.2% 和 15.7%。

（4）可以扩大良种利用效率　鸽蛋人工孵化还可用于种鸽的品种改良。将优良品种的种蛋进行人工孵化，孵出的仔鸽交给其他亲鸽代哺，可以加速优良鸽品种的更新和推广。

2. 种蛋收集　种鸽一般产完 1 枚蛋后，第二天上午再产第二枚蛋，等每窝 2 枚蛋都产出后再取走；特别注意捡蛋必须在产完第二枚蛋当天完成，如捡蛋过迟，会有少部分种鸽恋窝空孵，而影响继续产蛋。做好产蛋记录，一般每天都要检查 1 次产蛋情况。每批孵化的鸽蛋为同一群种鸽在同一时间段（7 天以内）产的全部鸽蛋；鸽群中假蛋放置数量以不超过总蛋数的 2/3 为宜，确保有 35% 左右的种鸽空窝，提前进入下一个产蛋周期。

为了减少对鸽群的干扰和种蛋的破损，收取鸽蛋应在晚上进行，晚上鸽子比较安定，取蛋时不会出现反抗。晚上收蛋前，提前根据配对记录、产蛋记录确定晚上取蛋的鸽窝。取蛋人员需要戴上经消毒手套，避免污染种蛋和被种鸽抓伤，受到粪便污染的手套要随时更换。取蛋人员手心向下，用手背将卧在巢盆的种鸽轻轻抬起，将鸽蛋轻握在手心，慢慢移出鸽巢，再将 2 枚仿真蛋放入巢盆，1/3 巢盆不放。仿真蛋用白色硬塑料制成，大小与真蛋接近，内部装有水，因此完全可以以假乱真。鸽子蛋蛋壳比较薄，容易弄破，收取的种蛋要轻拿轻放。

3. 种蛋挑选与消毒　进行人工孵化的种蛋要经过认真挑选，合格的种蛋才能进行人工孵化。选择种鸽产下 7 天内、无裂纹破损、非畸形、无污染、大小适中的鸽蛋进行孵化，剔除软壳蛋、沙壳蛋、特小蛋和双黄蛋。蛋壳品质是影响孵化效果的重要因素，对每一枚鸽蛋都要检查，最好的方法是在暗室中进行照蛋检查，剔除破蛋、裂纹蛋、蛋壳太薄的蛋、气室异常的蛋（气室移位、气室太大）。在一定的蛋重（19.5～27.5 克）其孵化率高，过大或过小的蛋其孵化率均较低（表 5-2）。

表5-2 蛋重与孵化率的关系

蛋重（克）	蛋数（枚）	孵化率（%）
17～19.5	5	80.0
19.6～21.5	13	84.6
21.6～23.5	42	83.4
23.6～25.5	40	84.6
25.6～27.5	19	84.2
27.6以上	8	75.0

大块儿粪便污染的鸽蛋为不合格种蛋不能用来孵化。但如发现是刚刚沾上少量湿的粪便，用卫生纸轻轻擦掉即可，若是面积稍大而且粘得很牢的干粪便，就用棉签蘸温水一点点浸泡（注意面积不要扩大）2～3分钟，待粪便完全浸透后，再用棉签轻轻擦掉，然后用吸水性较强的软性纸、餐巾纸或卫生纸，将浸泡处的残留水分擦净即可。不要用指甲去抠蛋皮上的干粪便，那样易将蛋皮同时抠（粘）掉。

鸽蛋收集后要及时消毒存放。常用的消毒方法为甲醛熏蒸法，准备1个熏蒸容器（熏蒸柜），每立方米空间用40%甲醛溶液28毫升，高锰酸钾14克，密闭熏蒸20分钟，排出甲醛气体。也可以用0.01%高锰酸钾溶液、0.1%新洁尔灭溶液或其他消毒剂浸泡消毒，水温39℃左右，时间3～5分钟。入孵前对种蛋再进行1次消毒，方法同上。

种蛋存放在专用蛋库或蛋箱中，要求保存温度18℃～21℃，最高不能超过24℃。保存空气相对湿度70%～80%，保存时间7天以内，超过7天的种蛋孵化率显著降低，不适合孵化。

4. 孵化条件控制

（1）温度　温度是保证胚胎发育的首要条件，应根据当地的气候和环境温度来调节孵化机的温度。鸽蛋孵化采用分批入孵、恒温孵化法。鸽蛋个体较小，受外界温度影响比较大，如温度过高会造成死胚增多；如温度低则破壳会推迟、死胚多、雏鸽卵黄吸收不良，易造成弱雏而死亡。例如，广东地区夏秋季节孵化温度一般37.9℃～38.3℃；冬、春季节孵化温度为38.1℃～38.6℃。如果出雏与孵化分开的话，出雏温度可以降低到37.5℃。

（2）**湿度**　湿度是保证孵化的重要条件，适宜的湿度有利于胚胎初期均匀受热，孵化中期有利于胚胎新陈代谢，到孵化后期有利于胚胎消散过多的生理热，使蛋壳结构疏松，防止雏鸽绒毛与蛋壳粘连，便于啄壳出雏。若湿度不足，则会引起胚胎粘壳，出雏困难或孵出的雏鸽体重轻、爪干；若湿度过大，则不利于雏鸽破壳，孵出的雏鸽较重，蛋黄吸收不良，腹部大，体质差，易死亡。夏、秋季节孵化湿度为50%～55%；冬、春季节孵化湿度为55%～60%。

（3）**通风**　鸽蛋在孵化过程中，也在做有氧呼吸，排出二氧化碳和水分，适当换气是保证胚胎正常发育不可缺少的。一般夏、秋季节，外界温度和机内温度相差很小，孵化机风门可以全开或打开一半；冬、春季节，外界气温低，应减少内外冷热空气的交流，孵化机风门打开一半或全部封闭，保证孵化机内温度恒定。孵化机除1个自动风门外，在后面还开有2排对流孔，上下贯通，使孵化机内外形成小的对流，有利换气和调节机内温度平衡。

（4）**翻蛋与凉蛋**　孵化机孵化每隔2～3小时翻蛋1次即可，翻蛋角度90°，每天翻蛋8～12次，至出壳前1天停止翻蛋。鸽蛋孵化至12天，要每天抽出蛋盘1次，在孵化机外凉蛋，温度降至30℃后再放回孵化机内。对原机内新入孵的鸽蛋照常孵化。

5. 孵化操作　鸽蛋入孵后第5天进行照蛋，剔除无精蛋及死胚蛋。入孵后第16天结束时，将正常发育的胚蛋放入保姆鸽巢盆中，每窝3～4枚，由保姆鸽继续孵化，出壳后自然补喂。也可以将胚蛋从孵化机的孵化盘中移到出雏机的出雏盘中，人工孵化至出雏，并入与其日龄相近的自然孵化的雏鸽窝中让带仔亲鸽代哺。每对亲鸽所带仔鸽总数可达3只（含自身孵出的仔鸽）。

第四章

肉鸽饲料配制技术

一、肉鸽的消化系统与采食特点

（一）肉鸽的消化系统

肉鸽消化系统的主要功能是消化食物，吸收营养和排出没有消化的废物残渣。肉鸽消化系统由喙、口腔、食管、嗉囊、腺胃、肌胃、小肠、直肠、泄殖腔、肝脏和胰脏等消化器官组成。

1. 喙 鸽上、下颌骨向前突出，被以角质化的皮肤衍生物形成喙。喙是鸽子啄食和亲鸽哺喂幼鸽的器官，也是梳理羽毛、交流感情的工具。肉鸽的喙粗短、略弯曲，边缘光滑，适合采食原粮饲料和保健砂。鸽喙的颜色因羽色而异，一般白羽鸽喙为肉色，其他羽色鸽为黑色喙。

2. 口腔 肉鸽口腔中没有牙齿，也没有唇和软腭。口腔直通喉头，与咽腔之间无明显界限。口腔顶壁的中央有一纵行缝隙，是内鼻孔的开口。鸽子舌头呈三角形，舌面有少量味蕾，在选择食物和引起食欲方面起一定作用。舌尖角质化，游离于口腔中。口腔内有唾液腺，分泌的黏液有润滑口腔黏膜和食物的作用，使之便于吞咽。

3. 食管 食管是易扩张的肌性管道，位于咽与腺胃之间，长度大约为9厘米，是饲料进入胃部的通道，食管无消化作用。采食的饲料，借助食管腺分泌物的润滑而下移至嗉囊。肉鸽食管构造不同于其他家禽，特点是食管较薄，管腔粗大、宽松，有利于食物通过和呕吐哺喂幼鸽。鸽子是家禽中唯一可以呕吐的种类。

4. 嗉囊 嗉囊是食管进入胸腔前形成的一个膨大的盲囊，位于食管颈段和胸段交界处的锁骨前方。肉鸽的嗉囊发达，囊壁薄，外膜紧贴在胸肌前方的皮肤上，可分为两个相通的大的侧囊。嗉囊是肉鸽饲料暂时贮存处，还能够周期性分泌鸽乳。肉鸽吃进去的饲料原粮进入体内必先贮存在嗉囊内，嗉囊黏液腺分泌黏液，可使饲料保持适当的温度和湿度，适当发酵而软化，然后再送到肌胃或吐出哺喂幼鸽。健康的肉鸽采食饲料后，嗉囊会因充满食物而胀起来，正常情况下 6 小时左右嗉囊内的食物完全进入胃肠。乳鸽出壳时，亲鸽嗉囊在脑下垂体后叶分泌催乳激素的作用下，上皮细胞能够分泌鸽乳。鸽乳由雌鸽和雄鸽嗉囊中增殖的充满脂肪的扁平上皮细胞产生。嗉囊上皮的增殖一般认为始于孵化的第 8 天，孵化的第 16 天开始分泌淡黄色的鸽乳，一直持续到雏鸽出壳后 2 周。鸽乳中含有丰富的脂肪和蛋白质，缺乏碳水化合物和钙。

5. 腺胃 肉鸽腺胃呈纺锤形，位于嗉囊和肌胃之间、黏膜内壁有发达的腺体，腺体开口于黏膜表面的一些乳头上，能够分泌盐酸和蛋白酶。食物通过腺胃的时间很短，且腺胃 pH 值不适合胃蛋白酶活动，所以食物在腺胃中几乎不进行消化作用，其胃液中的消化酶与食物均匀混合后，在食物进入肌胃后才真正开始产生消化作用。

6. 肌胃 肉鸽肌胃呈椭圆形，肌肉层发达，质地硬，位于腹腔的左腹侧，重量 10 克左右。肌胃有 2 个开口，前口为贲门，与腺胃相通；后口为幽门，与十二指肠相通。肌胃肌肉层由 1 对背侧肌和腹侧肌及 1 对前背中间肌和后腹中间肌组成，通过发达的腱膜把 4 块肌肉连接起来，其内壁覆盖着黄色角质膜，表面有许多纵向平行的皱褶。角质膜坚硬，对蛋白酶、稀酸、稀碱和有机溶剂等均有抗性，并具有磨损脱落和不断修补更新的特点。肌胃具有周期性自主运动特性，每隔 20～30 秒钟收缩 1 次。肌胃的主要功能是对饲料进行机械性磨碎。沙粒和细石子对肉鸽的食物消化有很重要的作用，若将肌胃中的沙粒和细石子除去，会使饲料消化率下降25%～30%，粪便中会出现未经消化的整粒饲料。所以，在肉鸽的保健砂中应加入15%～30%的沙粒或细石子。

7. 小肠　小肠是禽类消化吸收的主要场所，肉鸽小肠包括十二指肠、空肠和回肠，平均长度为95厘米。十二指肠起于肌胃，肠襻内着生胰腺，终止部有肝管和胰管的开口。十二指肠下连空肠。在小肠中段有一短的盲突，称为卵黄蒂或卵黄囊憩室，作为空肠和回肠的分界。回肠上接空肠，下连直肠，小肠内壁黏膜有许多小肠腺，能分泌麦芽糖酶、蔗糖酶、胰脂酶和胰淀粉酶等，这些酶在小肠中对各种食物进行全面的消化。小肠壁的黏膜形成大量的绒毛，以十二指肠的绒毛最发达，往下绒毛逐步变短变粗，有吸收各种营养物质的功能。

8. 直肠　肉鸽直肠粗而短，是鸽子唯一存在的大肠（鸽子盲肠退化，无功能）构造，一般长3～5厘米，前接回肠，后通泄殖腔。直肠因短而不能贮存粪便，所以鸽子总是频频排粪，这有利于减轻体重，适合飞翔。直肠可以吸收部分水分和盐，形成粪便。

9. 泄殖腔　肉鸽直肠末端膨大开口于泄殖腔。泄殖腔是鸟类消化、泌尿和生殖的共同通道，粪和尿在此混合后排出体外，在它的背壁是法氏囊（腔上囊），幼鸽法氏囊发达，随着年龄的增长逐渐萎缩退化成一个具有淋巴上皮的腺体结构。泄殖腔内有2个由黏膜形成的不完全环形皱襞，把它分隔成3室。前室为粪道，与直肠连接；中室为泄殖道，输尿管和生殖管开口于此；后室为肛门，开口于体外。肛门的上下缘形成背、腹侧肛唇。括约肌与来自耻骨和坐骨的肛提肌控制泄殖腔的活动。泄殖腔能吸收少量水分。

10. 肝脏　肉鸽肝脏较大，平均重25克，分两叶，右叶大，左叶小，质地较脆。刚出壳的乳鸽肝脏由于吸收了带有色素的卵黄脂质而呈黄色，出壳15天后逐渐变成红褐色。鸽子没有胆囊，肝脏分泌的胆汁由胆管直接进入十二指肠。胆汁能乳化脂肪，激活胰脂酶，帮助小肠消化吸收脂肪。此外，肝脏还具有合成、储存和分解糖原，合成和储存维生素、血浆中的蛋白质及解毒等功能，肉鸽采食量下降时，排泄出呈绿色的粪便，是胆汁分泌的缘故。

11. 胰脏　肉鸽的胰脏是一个狭长实心的腺体，很发达，着生于"U"形弯曲的十二指肠中，呈灰白色，长度约 5 厘米，重约 1.4 克。其上皮分化形成外分泌部和内分泌部。外分泌部所分泌的胰液中含有胰蛋白酶、胰脂酶和胰淀粉酶等，胰液通过导管输入十二指肠，这些酶对小肠营养物质的消化起着重要的作用。内分泌部即胰岛，分泌胰岛素和胰高血糖素，它们共同调节体内糖的分解、合成和血糖的升降。

（二）肉鸽的采食特点

1. 喜食颗粒状饲料　鸽子属陆生禽类，在陆地上觅食，粗短、圆锥形的喙决定了其食性。肉鸽主要采食植物性饲料，而且主要以玉米、小麦、高粱、豌豆等原粮为主，配合供给保健砂，以满足营养的平衡。近年来，随着规模化肉鸽养殖的发展，肉鸽颗粒饲料的使用越来越普遍，但要掌握好颗粒的大小，方便肉鸽采食。

2. 采食频率与采食时间　肉鸽开始采食时，啄食频率较快，10 分钟后采食速度逐渐减慢。张宏宽等（2012）采用自然繁育模式下（哺喂 3 羽 10～20 日龄雏鸽），对欧洲肉鸽每日采食量和采食时间进行观测，结果显示，在鸽采食、饮水和哺喂雏鸽的行为中，采食时间最长，全天达 34.3 分钟，上午和下午的采食时间分别是 18.4 分钟和 15.4 分钟，上午和下午的采食量分别是 26.3 克和 21.5 克；哺喂雏鸽的时间上午较下午时间长，这与鸽的采食量呈正相关。

3. 采食保健砂规律　鸽采食保健砂顺序有以下几种：①保健砂→饲料→饮水→哺喂仔鸽；②饲料→保健砂→饮水→哺喂仔鸽；③饮水→饲料→保健砂→哺喂仔鸽。鸽会自行调控保健砂采食量。肉鸽采食保健砂呈周期性间隔，添加保健砂量以 2～3 天吃完为好，要求保健砂新鲜干燥，盐量适宜。

4. 饮水特点 肉鸽养殖场须全天不间断供应足量的清水，一旦断水，将直接影响肉鸽正常的采食、消化，严重者会引起肉鸽死亡。观察发现，肉鸽的饮水时间上午和下午较接近。陈礼海（1988）对不同类型和不同生产阶段的肉鸽全天饮水量进行了详细的测定，测定结果表明，哺育乳鸽的种鸽饮水量最多，每对一昼夜平均为429.2毫升；其次为停产期种鸽，每对一昼夜平均为206.4毫升；孵化期种鸽饮水量最少，每对为189.3毫升。育成期3月龄青年鸽，每只一昼夜平均饮水仅55毫升。同时还发现，室内散养种鸽饮水量略多于笼养种鸽。

二、肉鸽的营养需要

1. 能量需要 能量是鸽子最基本的营养需要，肉鸽的一切生理活动，包括运动、呼吸、血液循环、神经活动、繁殖、营养吸收、排泄、体温调节等都离不开能量的供应。能量的主要来源是碳水化合物，其次有脂肪和蛋白质。肉鸽主要采食颗粒状原粮，其中植物性谷物类原粮（玉米、小麦、高粱）碳水化合物含量丰富，是主要的能量来源。多余的碳水化合物会被转化成脂肪沉积在肉鸽体内作为储备能量。碳水化合物又分为粗纤维和无氮浸出物两部分，粗纤维素主要存在于谷类、豆类子实的皮壳中，肉鸽盲肠退化，对粗纤维的消化能力差；无氮浸出物包括单糖、双糖及多糖类（淀粉）等物质，玉米子实中的淀粉含量约70%，是主要的能量饲料。在应用颗粒饲料时，配方中可以加入一定量的植物油脂来提供能量。

2. 蛋白质需要 蛋白质是生命的重要物质基础，鸽体的肌肉、内脏、皮肤、血液、羽毛、体液、神经、激素、抗体等均是以蛋白质为主要原料构成的，鸽蛋的主要成分也是蛋白质。肉鸽的新陈代谢、繁殖后代过程中都需要大量蛋白质来满足组织细胞的生长与更新及产蛋的需要。如果日粮中蛋白质供应不足时，肉鸽生长缓慢，食欲减退，羽毛生长不良，贫血，性成熟晚、产蛋率和蛋重均下降。相反，蛋白质摄入过量时，会造成浪费，同时还会引起代谢疾病。由于不同的饲料原料中组成蛋白质的氨基酸种类和数量不同，单靠一种蛋白质饲料不能提供所有的必需氨基酸，需要多种饲料合理搭配，使氨基酸互补，从而达到氨基酸平衡。肉鸽养殖场一般采用 2～4 种谷实类子实（占日粮比例的 70%～80%）和 1～2 种豆类子实（占日粮比例的 20%～30%）进行配合，能取得较为理想的效果。

程凌（1999）研究表明，种鸽饲料代谢能 12.56 兆焦／千克，粗蛋白质 12.85%，蛋能比为 10.23 克／兆焦时，种鸽产蛋及出雏数最高。余有成等（1997，1998）研究表明，粗蛋白质含量 12.5% 和代谢能 11.72 兆焦／千克日粮的饲喂效果最好，日粮蛋能比高于 11.24 克／兆焦或低于 10.05 克／兆焦，其乳鸽个体重明显低于其他组乳鸽个体重。沙文锋等（2001）在研制种鸽全价颗粒饲料时，认为种鸽的营养需要以代谢能为 12.59 兆焦／千克、粗蛋白质为 14% 左右为宜。吴红（2003）进一步研究表明，粗蛋白质为 14.2%、代谢能为 11.82 兆焦／千克的颗粒饲料能满足种鸽自身繁育和乳鸽的生长发育，但以粗蛋白质为 16.16%，代谢能为 11.85 兆焦／千克颗粒料饲喂效果最好，对乳鸽的增重和缩短种鸽生产周期效果非常明显，其饲喂组 30 天乳鸽体重提高 10%，种鸽生产周期比对照组缩短 4.6 天，年增加 1 对乳鸽。

3. 矿物质需要　矿物质是保证鸽体健康、骨骼和肌肉正常生长、幼鸽发育和成鸽产蛋的必需物质，具有调节机体渗透压、保持酸碱平衡等作用，它又是骨骼、蛋壳、血红蛋白等组织的重要成分。鸽体需要的矿物质种类很多，主要有钙、磷、钾、铁、铜、硫、锰、锌、碘、镁、硒等元素。保健砂的合理配合和供给对肉鸽养殖相当重要，有人称保健砂是肉鸽生产的"秘密武器"，是有道理的。

钙、磷在鸽骨骼中含量最高，因此需要量也较大，缺乏时肉鸽易患骨软症。乳鸽表现骨骼发育不良、生长缓慢；成鸽会引起骨

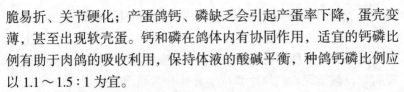
脆易折、关节硬化；产蛋鸽钙、磷缺乏会引起产蛋率下降，蛋壳变薄，甚至出现软壳蛋。钙和磷在鸽体内有协同作用，适宜的钙磷比例有助于肉鸽的吸收利用，保持体液的酸碱平衡，种鸽钙磷比例应以 1.1～1.5∶1 为宜。

钠、氯元素主要来源于食盐，食盐在鸽子的生理上有重要作用，它可参与机体的新陈代谢，调节体液平衡，调节机体组织细胞的渗透压，有助于消化和排泄等功能。一般在保健砂中掺入 4%～5% 的食盐补给。食盐供给不足，易引起肉鸽食欲减退，消化不良，生长缓慢。

吴红等（2003）研究表明，种鸽颗粒饲料中钙含量1.09%，总磷0.68% 较为适宜，28 日龄乳鸽体重比对照组提高 6.3%，成活率提高 6.4%～10.0%（不同组），种蛋产蛋、受精、孵化情况良好。钙含量过高（2%），引起种鸽腹泻，钙含量过低，乳鸽成活率、种蛋孵化率、受精率均较低，且有破壳蛋、软壳蛋现象出现。

有关种鸽对微量元素的需要量至今没有专门的研究报道。目前生产上大多参考鸡的标准或是经验量。鸽每昼夜微量元素需要量：硫酸铁 0.6 毫克、硫酸铜 0.6 毫克、硫酸锰 1.8 毫克、硫酸锌 0.07 毫克、碳酸锰 0.05 毫克、碘化钾 0.02 毫克（余有成，1997）。

4. 水的需求 水是构成鸽体和鸽蛋的主要成分。水对鸽子体内营养物质消化吸收、废物代谢排泄、维持体内酸碱平衡和渗透压、调节体温、血液循环等功能中均起重要作用。缺水会产生不可挽回的不利影响，轻者影响其生长发育及繁殖，重则危及生命。肉鸽新陈代谢旺盛，对水的需求量大，要求全天供应清洁的饮水，尤其是产鸽哺喂乳鸽阶段。

种鸽正常饮水量：哺育乳鸽的种鸽饮水量最多，其次为停产期种鸽，孵化期种鸽饮水量最少。饮水量随环境气候条件及机体状态而变化，夏季及哺喂乳鸽期饮水量相应增加，笼养肉鸽比平养肉鸽饮水量多。0℃～22℃饮水量变化不大。0℃以下饮水量减少，超过22℃饮水量增加，35℃时饮水量是22℃时的 1.5 倍。

5. 维生素需要 维生素是控制和调节机体新陈代谢的主要物质，肉鸽对维生素的需要量很少，但是如果缺乏，常会出现生长发育受阻、发育不良、生产性能下降、抗病力降低等现象，严重者出现病症，甚至死亡。维生素按溶解性分为脂溶性和水溶性两大类。脂溶性维生素包括维生素 A、维生素 D、维生素 E 和维生素 K 等；水溶性维生素包括维生素 B 族和维生素 C 等。动物机体仅能合成为数极少的几种维生素，且数量有限，难以满足需要。由于肉鸽生长较快，且多舍饲或笼养，阳光照射量有限，因此肉鸽所需的维生素必须通过饮水或饲料来补充。肉鸽体内最易缺乏的维生素是维生素 A、维生素 D，维生素 B_1（硫胺素）、维生素 B_2（核黄素）、维生素 B_{12} 和维生素 E。

（1）**维生素 A** 维生素 A 与肉鸽的生长、繁殖、抵抗力有密切的关系，能加强上皮组织的形成，维持上皮细胞和神经细胞的正常功能，保护视力正常，增强机体抵抗力，促进肉鸽的生长、繁殖。维生素 A 缺乏时，种鸽产蛋少，孵化率低，有时可见蛋内有血斑；幼鸽眼睛出现角膜炎、结膜炎，甚至失明；乳鸽生长发育缓慢，体弱，羽毛蓬乱，共济失调，严重时造成死亡。维生素 A 在鱼肝油中含量丰富。

（2）**维生素 D** 在鸽体内参与骨骼生长、蛋壳的形成和钙、磷代谢，促进钙、磷的吸收，幼鸽和产蛋鸽易缺乏。缺乏时幼鸽生长发育不良，羽毛松散，喙、爪变软、弯曲，胸部凹陷，腿部变形，出现像企鹅一样的站立姿势等；引起母鸽产软壳蛋、薄壳蛋、畸形蛋，产蛋率下降。鱼肝油中富含维生素 D。

（3）**维生素 E** 为抗氧化剂、代谢调节剂，可以保护饲料营养中维生素 A 及其他一些物质不被氧化。维生素 E 缺乏可导致公鸽生殖器官退化变性，生殖功能减退；母鸽产蛋率、孵化率减低，胚胎常在 4～7 胚龄死亡。幼鸽会出现行走站立困难，头向后或向侧、向下歪扭等脑软化症状，皮下水肿等。维生素 E 在青饲料和各种谷类子实、油料子实中的含量比较丰富。

（4）**B 族维生素**　维生素 B_1（硫胺素）、维生素 B_2（核黄素）、泛酸、烟酸和维生素 B_{12} 与碳水化合物、脂肪、蛋白质三大营养物质的代谢有密切关系。维生素 B_1 缺乏会导致鸽子出现神经炎症状，如嗜睡，头部震颤；维生素 B_2 缺乏时幼鸽生长缓慢，消瘦，腹泻，头、尾、翅下垂，脚向内弯曲或用翅关节辅助行走，孵化第二周出现死胚；泛酸缺乏的幼鸽出现精神和食欲不振，羽毛生长缓慢、易折，口角有痂状物等，如亲鸽缺乏泛酸会引起幼鸽破壳后 24 小时死亡率在 50% 左右；烟酸缺乏主要表现为幼鸽易受惊吓，神经质，生长发育不良，腿骨断并有弯曲现象；叶酸缺乏表现为生长缓慢，羽质不良、暗淡无光，贫血，母鸽的产蛋不全（只产 1 枚蛋），孵化率低；维生素 B_6 缺乏的幼鸽表现为精神和食欲不振，生长缓慢，或出现异常兴奋乱跑乱叫等精神症状，最后死于衰竭；维生素 B_{12} 缺乏典型症状是胚胎常会出现孵化后期死亡。

（5）**维生素 C**　维生素 C 与细胞合成有关，能增强机体免疫力，一般不会缺乏，但在应激状态下，应注意适当补充，否则，童鸽易出现生长停滞、体重减轻、出血等症状。

（6）**鸽子对维生素的需要量**　种鸽对微量元素、维生素的需要量的研究很少，至今没有见到专门的研究报道。目前生产上大多参考鸡的标准，肉鸽对维生素的需要量多为经验量。养鸽专家认为，饲料中应含 4 000 国际单位维生素 A、2 毫克维生素 B_1、24 毫克维生素 B_2、2.4 毫克维生素 B_6、4.8 毫克维生素 B_{12}、900 国际单位维生素 D_3、20 国际单位维生素 E、14 毫克维生素 C、24 毫克烟酸、0.04 毫克生物素、7.2 毫克泛酸、0.28 毫克叶酸。

6. 肉鸽的饲养标准　为了合理配制肉鸽饲料，既能满足营养需要，充分发挥肉鸽的生产性能，又不浪费饲料，须对肉鸽在各生理阶段的能量和各种营养物质的需要量有一个大致的规定，这就是饲养标准。肉鸽各阶段对营养的需要量有很大差异，应根据各阶段特点和饲养标准，合理配合饲料。目前，国内还没有统一的肉鸽饲养标准，主要养鸽地区的地方性饲养标准见表 4-1 至表 4-5，供参考。

表4-1 肉鸽参考饲养标准（一）

项 目	代谢能（兆焦/千克）	粗蛋白质（%）	粗纤维（%）	钙（%）	磷（%）
青年鸽	11.7	14	3.5	1.0	0.75
非育雏亲鸽	11.1	13	3.2	1.5	0.85
育雏亲鸽	11.9	17	3.0	1.5	0.85
乳鸽（15～28日龄）	12.56	22	3.0	1.2	0.65

表4-2 肉鸽参考饲养标准（二）

项 目	代谢能（兆焦/千克）	粗蛋白质（%）	粗纤维（%）	粗脂肪（%）	钙（%）	磷（%）
幼 鸽	11.72～12.14	14～16	3～4	3	1～1.5	0.65
繁殖种鸽	11.72～12.14	16～18	4	3	1.5～2	0.65
非繁殖种鸽	11.72	12～14	4～5	—	1	0

表4-3 肉鸽参考饲养标准（三）

项 目	代谢能（兆焦/千克）	粗蛋白质（%）	粗纤维（%）	钙（%）	磷（%）
青年鸽	11.7	13～14	3.5	1.0	0.65
育雏种鸽	12.5	14～15	3.2	2.0	0.85
非育雏种鸽	12.9	17～18	2.8～3.2	2.0	0.85

表4-4 肉鸽参考饲养标准（四）

项 目	代谢能（兆焦/千克）	粗蛋白质（%）	粗纤维（%）	粗脂肪（%）	钙（%）	磷（%）
童 鸽	12.13	13～15	3.5	2.7	1.0	0.65
青年鸽	12.55	16～18	3.2	3.0	1.5	0.85
非育雏种鸽	12.98	12～14	3.0～3.2	3.0～3.2	2.5	0.85

表 4-5　肉鸽维生素和氨基酸需要量（每千克饲料含量）

氨基酸	需要量（克）	维生素	需要量（毫克）
蛋氨酸	1.8	维生素 A（国际单位）	4000
赖氨酸	3.6	维生素 D_3（国际单位）	900
缬氨酸	1.2	维生素 E	20
亮氨酸	1.8	维生素 B_1	2
异亮氨酸	1.1	维生素 B_2	24
苯丙氨酸	1.8	维生素 B_6	2.4
色氨酸	0.4	烟酸	24
		维生素 B_{12}	4.8
		生物素	0.04
		叶酸	0.02
		泛酸	7.2

三、肉鸽的常用饲料原料

（一）能量饲料

肉鸽能量是指饲料干物质中粗纤维含量低于 18%，粗蛋白质含量低于 20% 的谷实类原粮。能量饲料是维持肉鸽日常活动、新陈代谢、生长发育所需要能量的主要来源。肉鸽常用能量饲料包括玉米、小麦、大麦、高粱、稻谷（或大米）等。

1. 玉米　玉米的可利用能值高，适口性好，是肉鸽养殖最常用也是必不可少的能量饲料，用量可以占到肉鸽饲粮的 40%～80%，一般为 60% 左右。玉米粗纤维含量仅 2%，而无氮浸出物高达 72%，淀粉含量高，消化率高。玉米中脂肪含量较高，达 3.5%～4.5%，其中必需脂肪酸亚油酸含量高达 2%，在谷类子实中最高。玉米粗蛋白质含量低（7%～9%），缺乏赖氨酸和色氨酸。黄玉米中含有丰富的 β 胡萝卜素（平均 2 毫克 / 千克，在体内可以转化为维生素 A）和维生素 E（20 毫克 / 千克），缺乏维生素 D 和维生素 K。玉米含维生素 B_1 较多，而维生素 B_2 和烟酸含量较少。黄玉米中叶黄素含量达 20 毫克 / 千克（13～33 毫克 / 千克），和玉米黄质一起对肉鸽的皮肤和蛋黄的着色有重要影响。

玉米质量与含水率有很大关系，含水量高的玉米，不仅养分含量降低，而且容易滋生霉菌，引起腐败变质，肉鸽采食后引起霉菌毒素中毒。成熟期收获的玉米水分含量仍可达 30% 以上，且玉米子实外壳有一层釉质，可防止子实内水分的散失，因而很难干燥，应进行烘干处理，入仓的玉米含水量应小于 14%。随贮存期延长，玉米的品质相应变差，特别是 β 胡萝卜素、维生素 E 含量下降，有效能值降低。如果同时滋生霉菌等，则品质进一步恶化。玉米破碎后即失去天然保护作用，极易吸水、结块和霉变及脂肪酸的氧化酸败。因此，在保存玉米时，应保存完整的玉米粒。玉米中破碎粒比例越大，越容易发霉变质。

2. 小麦 小麦颗粒中等大小，适口性好，肉鸽喜欢采食。小麦营养价值较高，作为能量饲料，在肉鸽饲料中含量仅次于玉米，一般用量为 5%～10%，价格低于玉米时，可以增加到 30%。小麦的粗纤维含量和玉米相当，粗脂肪含量低于玉米，能值也较高，仅次于玉米。小麦粗蛋白质含量高于玉米，蛋白质组成中必需氨基酸含量较低，尤其是赖氨酸。小麦种皮含有大量的镁离子，具有倾泻性，易造成肉鸽拉稀，一般要配合高粱使用。

小麦中钙少磷多，且磷主要是植酸磷（约 1.8%）。小麦中微量元素铁、铜、锰、锌、硒的含量较少。小麦含 B 族维生素和维生素 E 多，而维生素 A、维生素 D、维生素 C 极少。

3. 大麦 属禾本科植物，是一种主要的粮食和饲料作物，在世界谷类作物中，大麦的种植总面积和总产量仅次于小麦、水稻、玉米，居第四位。我国的大麦多产于淮河流域及其以北地区。大麦与小麦的营养成分近似，但纤维素含量略高。粗蛋白质含量高于玉米，平均含量为 11%，氨基酸组成中，赖氨酸、色氨酸、异亮氨酸等含量高于玉米，是能量饲料中蛋白质品质较好的一种。大麦粗脂肪含量约 2%，低于玉米，脂肪酸中一半以上是亚油酸。大麦的有效能值仅次于玉米。大麦中含有的单宁约 60% 存在于麦麸中，10% 存在于胚芽，会影响大麦适口性和蛋白质消化利用率。大麦在主产区肉鸽日粮中用量为 10%～20%，非主产区因价格高，不建议使用。

4. 高粱 高粱是重要的禾本科粮食作物，在我国栽培较广，以东北各地最多。高粱颗粒较小，是肉鸽喜食的原粮饲料，在美国被广泛用于肉鸽养殖。高粱子实中因含有鞣酸，故适口性远远不如玉米和小麦，多食易引起肉鸽便秘，要搭配饲喂其他能量饲料如小麦。一般来说，颜色浅的比颜色深的高粱含鞣酸少，适口性也较好。高粱的营养成分和玉米差不多，水分 11.4%，粗蛋白质 11.2%，粗脂肪 3.0%，粗纤维 2.3%，无氮浸出物 70.3%，粗灰分 1.7%。高粱子粒比玉米小，故 1～3 月龄的童鸽比较喜欢采食。高粱在肉鸽日粮中用量 8%～10%，价格便宜时可加大到 25% 左右。夏季和幼鸽饲粮中可多些，冬季和种鸽饲粮中可少些。自由采食时高粱一般在 10% 左右，很少超过 15%。高粱的缺点是：缺乏维生素 A，蛋白品质较差，缺乏赖氨酸、精氨酸、组氨酸和蛋氨酸，宜与豌豆、玉米等搭配使用。

5. 稻谷 我国南方是稻谷主产区，价格便宜（低于玉米），是南方养鸽的主要饲料原粮，被广泛使用。由于稻谷有粗硬、难消化的谷壳，适口性差，谷粒两头尖，容易刺伤消化道黏膜，不便亲鸽反吐哺喂乳鸽，故建议哺育期的种鸽不饲喂稻谷。若脱去谷壳成为糙米或白米，适口性和营养价值均提高（表 4-6），可以饲喂各阶段的鸽子。稻谷或各类稻米在日粮中可以用到 10%～20%。

表4-6　稻谷与各类稻米的营养对比

营养成分	稻 谷	糙 米	白 米	碎 米
水分（%）	11.4	14.3	12.2	12.0
粗蛋白质（%）	8.3	8.6	7.4	10.3
粗脂肪（%）	1.8	2.0	0.4	5.0
粗纤维（%）	8.8	1.3	0.4	1.0
无氮浸出物（%）	64.7	72.9	79.1	69.6
粗灰分（%）	5.0	0.9	0.5	2.1
消化率（%）	69.1	—	79.9	—

（二）蛋白质饲料

蛋白质饲料是指干物质中粗蛋白质含量大于或等于20%，粗纤维低于18%的饲料。蛋白质是满足肉鸽生长、羽毛更换、产蛋所必需的营养物质。在肉鸽生产中主要应用的是植物性蛋白质饲料，主要有豌豆、野豌豆、绿豆、油菜籽等。在肉鸽颗粒饲料生产中则主要用到豆粕等饼粕类蛋白质饲料。

1. 豌豆　豌豆是我国主要豆类作物之一，总产量仅次于大豆和蚕豆，位居豆类第三位，在主产区也是畜禽仅次于饼粕类的蛋白质补充饲料。豌豆是肉鸽养殖的主要蛋白质饲料，也是鸽子喜欢采食的饲料原粮之一。豌豆的种类很多，种皮颜色有绿色、麻色、白色等，颗粒大小也不尽相同，都适合肉鸽采食。豌豆子实的粗蛋白质含量一般为23%～27%，是禾谷类的2～3倍，而且蛋白质质量较好，氨基酸的组成优于小麦，尤以赖氨酸含量较高，但含硫氨基酸含量较低。豌豆富含硫胺素、核黄素、烟酸等维生素及钙、铁、磷、锌等多种矿物质元素。豌豆子实中胰蛋白酶抑制剂、脂类氧化酶和脲酶的活性低于大豆，因而消化率较高，而且脂肪和抗营养因子含量低，适宜生喂，减少饲喂前加热处理的麻烦，这些都是豌豆作为蛋白质饲料利用的优点。豌豆用量占肉鸽饲粮的 20%～30%（表 4-7）。

表 4-7　每 100 克豌豆子粒中所含的营养物质

项　目	含　量	项　目	含　量
热量（千焦）	1348～1453	钙（毫克）	71～117
水分（克）	13.0～14.4	磷（毫克）	194～400
蛋白质（克）	20.0～24.0	铁（毫克）	5.1～11.1
脂肪（克）	1.0～2.7	胡萝卜素（毫克）	0.01～0.04
碳水化合物（克）	55.5～60.6	维生素 B_1（毫克）	0.73～1.04
粗纤维（克）	4.5～8.4	维生素 B_2（毫克）	0.11～0.24
灰分（克）	2.0～3.2	烟酸（毫克）	1.3～3.2

2. 野豌豆　野豌豆属豆科，多年生草本，产于西北、西南各省区。野豌豆颗粒较豌豆小，有麻色和白色两种，淀粉含量较高，蛋白质含量略低于普通豌豆。因颗粒较小，肉鸽比较喜欢采食，用量 4%～5%。野豌豆含水分 9.5%，粗蛋白质 23.8%，粗脂肪 1.2%，粗纤维 6.2%，无氮浸出物 56.2%，粗灰分 3.1%，消化率 79.6%。野豌豆由于子小皮厚，运输中不易破损，故较受欢迎。

3. 绿豆　绿豆中粗蛋白质含量丰富，大小适中，适口性好，是我国养鸽的传统饲料原料之一，而且具有清热解毒作用。由于绿豆价格高、来源少，考虑到经济原因，一般在夏季适量应用，用量在 3%～5%。绿豆中粗蛋白质含量 23.1%，蛋白质组成中富含赖氨酸、亮氨酸、苏氨酸，蛋氨酸、色氨酸、酪氨酸比较少。脂肪含量仅 0.8%，碳水化合物含量达到 59%，含有丰富的维生素 B_1、维生素 B_2、胡萝卜素、叶酸等。矿物质中钙、磷、铁在绿豆中含量较多。磷脂中的磷脂酰胆碱、磷脂酰乙醇胺、磷脂酰肌醇、磷脂酰甘油、磷脂酰丝氨酸和磷脂酸有增进食欲作用（表 4-8）。

表4-8　绿豆的营养成分含量（每100克可食部分中的含量）

项　目	含　量	项　目	含　量
热量（千焦）	316	铜（毫克）	1.08
蛋白质（克）	21.6	锌（毫克）	2.18
脂肪（克）	0.8	铁（毫克）	6.5
碳水化合物（克）	55.6	胡萝卜素（毫克）	3.3
粗纤维（克）	6.4	维生素 B_1（毫克）	0.25
钙（毫克）	81	维生素 B_2（毫克）	0.11
磷（毫克）	337	烟酸（毫克）	2.0
硒（毫克）	4.28	维生素 E（毫克）	11.95
钾（毫克）	787		

4. 大豆　大豆也称黄豆，我国各地均有栽培，东北为主产区，是我国重要的粮食作物之一，种子含有丰富的植物蛋白质。大豆营养丰富，水分9.8%，粗蛋白质36.9%，粗脂肪17.2%，粗纤维4.5%，无氮浸出物26.5%，粗灰分5.3%，消化率86.2%。大豆的蛋白质品质较高，有素肉之称，相对价格便宜，故与谷类饲料组成日粮最适宜。大豆含有抗胰蛋白酶，是一种蛋白毒素，喂前必须进行炒熟处理，熟大豆在肉鸽日粮中的比例占5%～10%。

5. 火麻仁（大麻子）　火麻仁为桑科植物大麻的干燥成熟种子，别名大麻仁、火麻、线麻子。大麻在中国大部分地区有栽培，如黑龙江、辽宁、吉林、四川、甘肃、云南、广西、浙江等地，不同产地、不同气候对火麻仁的组分影响较大。秋季果实成熟时采收，除去杂质，晒干后为火麻仁。火麻仁味甘，性平，具有润肠通便、润燥杀虫功效。火麻仁脂肪含量较高（30%），营养丰富。火麻仁能刺激肠黏膜，使肠道蠕动加快，减少大肠吸收水分，有泻下作用。按现代营养学分析，去壳火麻仁含粗蛋白质34.6%，脂肪46.5%，以及11.6%的碳水化合物。火麻仁粗蛋白质中精氨酸和组氨酸含量高。据测定，每100克脱壳火麻仁含钙12毫克，钾97.8毫克，镁

44.2毫克，铁8.03毫克，锌4.14毫克，锰2.21毫克，钠1.50毫克。火麻仁能促进羽毛生长，在童鸽换羽期添加，用量为3%～5%。

6. 油菜籽 为油料作物油菜的成熟种子，含有大量的脂肪和蛋白质，在肉鸽日粮中加入1%～5%能促进食欲，增强生殖功能，使羽毛富有光泽。但是，饲喂过多易引起腹泻，所以要控制喂量。油菜籽含粗蛋白质24.6%～32.4%，纤维素5.7%～9.6%，灰分4.1%～5.3%，脂肪37.5%～46.3%。硫苷是油菜子中的主要有害成分，本身无毒，但其影响适口性，在芥子酶的作用下会产生异硫氰酸酯、硫氰酸盐、噁唑烷硫酮等有毒物质。油菜籽还含有一定量的芥酸、芥子碱、单宁等有毒物质。油菜籽中毒表现，乳鸽两脚麻痹，腹泻，最后抽搐死亡；种鸽精神沉郁，食欲减退或停止，羽毛松乱无光泽，颤抖，两脚后伸呈强直状态，伏地不能站立。

7. 饼粕类 饼粕类蛋白质饲料主要是油料作物榨油后的副产物，包括豆粕、花生粕、棉籽粕、菜籽粕等。饼粕类饲料蛋白质含量高，脂肪含量低，可作为质配合饲料的原料。尤其是豆粕，粗蛋白质含量高达40%以上，品质好，赖氨酸2%以上，适口性好，消化吸收率高，用于乳鸽人工补喂肥育料，效果更好。饼粕类饲料饲喂青年鸽和种鸽需要先做成颗粒状，然后配合玉米饲喂。

肉鸽常用饲料原粮营养成分见表4-9。

表4-9 肉鸽常用饲料原粮营养成分表

项目 名称	代谢能 （兆焦）	粗蛋白质 （%）	粗纤维 （%）	粗脂肪 （%）	蛋氨酸 （%）	赖氨酸 （%）	色氨酸 （%）	钙 （%）	有效磷 （%）
玉 米	13.56	8.6	2.0	3.5	0.13	0.27	0.08	0.04	0.06
小 麦	12.89	12.1	2.4	1.8	0.14	0.33	0.14	0.07	0.12
高 粱	13.01	8.7	2.2	3.3	0.08	0.22	0.08	0.07	0.08
大 麦	11.13	10.8	4.7	2.0	0.13	0.37	0.10	0.12	0.09
稻 谷	10.66	8.3	8.4	1.5	0.10	0.31	0.09	0.07	0.08
糙 米	13.96	8.8	0.7	2.0	0.14	0.29	0.12	0.04	0.08

续表 4-9

项目名称	代谢能（兆焦）	粗蛋白质（%）	粗纤维（%）	粗脂肪（%）	蛋氨酸（%）	赖氨酸（%）	色氨酸（%）	钙（%）	有效磷（%）
大　米	14.09	8.5	1.1	2.2	0.18	0.34	0.12	0.04	0.07
豌　豆	11.42	22.6	5.9	1.5	0.10	1.62	0.18	0.13	0.12
大　豆	14.04	36.9	5.0	16.2	0.40	2.30	0.40	0.27	0.14
绿　豆	10.83	22.6	4.7	1.1	0.24	1.49	0.21	0.06	0.40
红　豆	10.95	22.2	—	—	0.19	1.62	0.16	—	—
蚕　豆	10.79	24.9	7.5	1.4	0.12	1.66	0.21	0.15	0.12
火麻仁	10.45	34.3	9.8	7.6	0.44	1.18	0.40	0.24	0.20

（三）矿物质饲料

矿物质饲料主要提供常量元素和微量元素。肉鸽常用矿物质饲料有贝壳粉、石粉、骨粉、食盐、石膏、红泥、沙砾和一些微量元素添加剂等。其成分有钙、磷、钠、氯、铁、铜、锰、硒、钴、碘、硫、镁等。这些元素在原粮中的含量往往不能满足肉鸽的需要，需通过保健砂中添加补给，也可以在肉鸽颗粒饲料中添加补充（图4-1）。

图 4-1　保健砂

1. 贝壳粉　贝壳粉为主要的钙补充矿物质饲料，主要成分为碳酸钙，且含有畜禽体内所必需的磷、锰、锌、铜、铁、钾、镁等。一般认为，海水贝壳优于淡水贝壳，使用时将收集的贝壳洗净晒干，粉碎成米粒大小的碎片即可。贝壳粉的品质和饲喂效果优于石粉，贝壳粉中不仅含有大量的钙，在贝壳的珍珠层中还含有多种氨基酸。因而用贝壳粉作饲料添加剂，不但能促进肉鸽骨骼生长、血液循环，而且可改善其蛋壳品质，使蛋壳的强度增高，破蛋软蛋减少。

2. 石粉 主要由石灰石粉碎而来，主要成分为碳酸钙，用来补充肉鸽对钙的需求。石粉含钙量为35%～38%，但某些地方生产的石粉中含有较多的氟、镁、砷等杂质，使用后会出现蛋壳较薄且脆，健康状况不良等现象。按规定，饲料用石粉中镁含量小于0.5%，汞含量小于2毫克/千克，砷和铅含量皆小于10毫克/千克。粉碎成米粒大小为好（石米），石米适合肉鸽吞食，在肉鸽肌胃中有研磨原粮作用，有利于原粮消化吸收。

3. 骨粉 饲料用骨粉是以新鲜无变质的动物骨骼经高压蒸汽灭菌、脱脂或经脱胶、干燥、粉碎后的产品。骨粉中钙、磷、铁含量丰富，而且比例适当，钙、磷容易吸收。骨粉主要成分为：钙30.7%，磷12.8%，钠5.69%，镁0.33%，钾0.19%，硫2.51%，铁2.67%，铜1.15%，锌1.3%，氯0.01%，氟0.05%。骨粉是肉鸽饲料中常用的磷源饲料，同时也可补充钙。使用骨粉必须注意原料质量，未经高温消毒的骨粉不能直接使用，防止带有病原体而传染疫病。根据加工方法不同，骨粉可分为脱胶骨粉和蒸制骨粉两种。脱胶骨粉利用高温高压处理，脱去所含的蛋白质、脂肪、骨髓后制成，为白色粉末状，无臭味，骨渣质地松脆。蒸制骨粉是骨头经高温高压处理，脱去大部分蛋白质、脂肪后，经压榨、干燥制成，色泽为灰褐色，有特有的骨臭味。因此，尽量使用脱胶骨粉。国家标准骨粉中不得检出沙门氏菌，总磷≥11%，粗脂肪含量≤3%。

4. 磷酸氢钙 又称为磷酸二钙，是目前饲料中广泛使用的一种磷源饲料，可以代替骨粉使用。磷酸氢钙中钙、磷含量分别为21%与16%，利用效率较高。磷酸氢钙为白色或灰色粉末状或粒状。市场上常销售一些品质差的产品，磷含量不足而氟含量超标。

5. 石膏 石膏的主要成分为硫酸钙，在肉鸽保健砂中使用，主要作为钙源和硫源。肉鸽在产蛋期、换羽期、生长期对钙源需求比较多。硫酸钙作为无机硫源被肉鸽利用，减少蛋白质对硫源的补充。硫酸钙在保健砂中一般推荐使用二水硫酸钙（生石膏），具有清凉解毒功效。石膏能补充硫，对肉鸽换羽有良好的促进作用，保健砂中生石膏用量为 5% 左右。

6. 食盐 以海盐最好，除补充氯、钠外，还可以补充碘。食盐供应不足时，肉鸽会出现啄羽、啄肛等异食癖，同时采食量下降而影响生长和产蛋。在保健砂中食盐的添加量为 4%～5%。

肉鸽主要矿物质饲料元素含量见表 4-10。

表 4-10　肉鸽主要矿物质饲料主要元素含量

矿物质饲料	钙（%）	磷（%）	镁（%）	钾（%）	硫（%）	钠（%）	氯（%）	铁（%）	锰（%）
石　粉	35.81	0.01	2.06	0.11	0.04	0.06	0.02	0.34	0.02
贝壳粉	38.1	0.07	0.3	0.1	—	0.21	0.01	0.29	0.013
脱脂骨粉	30.71	12.86	0.33	0.19	2.51	5.69	0.01	2.67	0.03
磷酸氢钙	29.60	22.77	0.80	0.15	0.80	0.18	0.47	0.79	0.14
磷酸钙	32.07	18.25							
生石膏	23.0				18.6				
食　盐	0.03	—	0.13	—		39.2	60.61		

7. 微量元素添加剂 用来补充肉鸽对铜、铁、锰、锌、碘、钴、硒等微量元素的需求，虽然肉鸽能够从泥土中获得部分微量元素，但不能满足需要。在配合肉鸽保健砂时，一般选择市场上常见的 0.5% 禽用微量元素添加剂即可，保健砂中的添加量为 5% 左右。

（四）维生素添加剂

肉鸽复合维生素最好通过饮水添加，加入保健砂中会引起失效，因此肉鸽用维生素添加剂最好是能溶解在水中。肉鸽最易缺乏的是维生素 A、维生素 D_3、维生素 B_2、维生素 E 等，应特别注意补充。鱼肝油主要成分为维生素 A 和维生素 D，在肉鸽生产中使用较多，可以按需要量添加到原粮中饲喂。维生素添加剂应保存于低温、阴暗处。

四、肉鸽饲料配制

（一）原粮饲料的配制

1. 肉鸽日粮经验配方　美国各鸽场和饲料公司发现，豌豆、小麦、高粱是肉鸽日粮的最佳饲料原料。美国商品鸽场对 300 对肉鸽进行了为期 12 个月的试验，4 种子实饲料由肉鸽自由选食，结果消耗玉米 39.5%、豌豆 22.7%、小麦 19.8%、南非高粱 18.0%；对白羽卡诺鸽进行 1 年自由选食试验，结果消耗玉米 36.9%、豌豆 25.3%、小麦 19.3%、南非高粱 18.5%；对白羽王鸽进行试验，年平均消耗玉米 40%、豌豆 23%、小麦 22%、南非高粱 15%。试验结果说明，肉鸽对原料具有选择性，而且觅食具有多样性特点，这样有利于保持营养平衡。由于豌豆价格较贵、货源较少，有人建议在日粮中其比例最好控制在 18%～25%。

季节性采食试验，白羽卡诺鸽各季度消耗的各种饲料比例研究发现，夏、秋两季消耗豌豆多，冬、春两季则消耗玉米多，小麦和高粱随季节而变化消耗比例的情况不明显。美国帕尔梅托鸽场积累了 30 多年的成功经验，配制了两种日粮，一种供冬、春用，一种供夏、秋用。

冬、春配方：黄玉米 35%、豌豆 20%、小麦 30%、高粱 15%。

夏、秋配方：黄玉米 20%、豌豆 20%、小麦 25%、高粱 35%。

由研究可以看出，肉鸽日粮中能量饲料 75%～80%，蛋白质饲料占 20%～25%。只要日粮中豌豆用量掌握在 20%～25%，其他 3 种能量饲料中的任何一种饲料用多用少一般不会导致日粮营养缺乏。

2. 国内配方举例　据调查了解，我国广东、香港、广西部分鸽场的典型原粮配方营养成分分析可见，种鸽原粮配方代谢能可以满足需要，但粗蛋白质含量偏低，氨基酸不平衡，缺乏维生素和微量元素。南方地区建议配方见表 4-11，北方地区建议配方见表 4-12。

表4-11　南方肉鸽典型饲料配方

玉米（%）	稻谷（%）	小麦（大麦）（%）	高粱（%）	糙米（%）	绿豆（%）	豌豆＋黄豆（%）	火麻仁（%）	代谢能（兆焦/千克）	粗蛋白质（%）	配方来源
35	6	12	12	—	6	26	3	12.20	13.10	深圳鸽场
55	—	10	10	—	—	20	5	13.00	11.50	东莞鸽场
37	—	12	10	10	—	28	3	12.20	12.30	茂名鸽场
36	—	14	10	5	30	5	—	12.70	12.90	南宁鸽场
30	20	10	10	—	15	10	5	13.00	12.90	香港鸽场

表4-12　北方地区肉鸽饲料配方推荐表

原粮	玉米	豌豆	高粱	小麦	大米	绿豆	火麻仁
青年鸽及休产鸽	50	20	10	20	—	—	—
	40	17	10	15	10	5	3
	34	10	25	25	5	—	1
育雏期种鸽	40	30	10	20	—	—	—
	30	10	10	10	20	15	5
	45	20	10	13	—	8	4
	20	30	—	10	40	—	—

[案例5]　肉鸽饲料配方单一造成蛋白质缺乏

　　甘肃省兰州市一肉鸽养殖场原粮饲料配方单一，长期使用玉米作为主要饲料，玉米在配方中的比例达到90%，甚至全部使用玉米饲喂繁殖期种鸽，缺乏豆类饲料。半年后鸽群出现产蛋减少，精子活力差，种蛋受精率和孵化率偏低，乳鸽生长缓慢，抗病力降低；病死鸽消瘦，水肿，肌肉苍白、萎缩，血液稀薄且凝固不良，胸、腹腔和心包积液，心脏冠状脂肪呈胶冻样。根据临床症状、可以基本判定为蛋白质缺乏症。

专家点评：

蛋白质是构成肉鸽机体的主要成分，是各项生命活动的物质基础。如果肉鸽长期蛋白质摄入不足，正常代谢和生长发育便会受到影响，特别在幼鸽时期，合成代谢旺盛，需要大量的蛋白质参与。氨基酸是组成蛋白质的基本单位，机体对蛋白质的需要实际就是对氨基酸的需要。肉鸽常用饲料原料中的蛋白质和氨基酸的含量有较大的差异，在谷物类饲料中蛋白质含量较少，尤其是缺少蛋氨酸和赖氨酸。如果饲料种类单一，日粮配合不合理，豆类饲料使用较少，可造成蛋白质和氨基酸的缺乏。另外，肉鸽对蛋白质和氨基酸的需要量与生长阶段、不同繁殖阶段以及环境温度和日粮能量水平等因素有密切关系。能量饲料与蛋白质饲料必须合理搭配，做到满足肉鸽各阶段营养需要，降低饲料成本。

（二）保健砂的配制与使用

1. 保健砂的功能 传统养鸽以谷物子实和豆类原粮为主食，原粮中含有钙、磷等多种矿物元素，但不能满足肉鸽生长、繁育和高产需要。目前养鸽户通常是通过添加保健砂来补充矿物质、微量元素等营养物质。同时，保健砂能增进肉鸽的消化功能，促进新陈代谢和营养平衡，对于笼养肉鸽尤为重要，必须引起重视。

保健砂的主要成分除了上述矿物质饲料原料（贝壳粉、石粉、骨粉、磷酸氢钙）外，还包含以下原料：

（1）红土或黄土 红土或黄土为黏土，大部分地区都可以挖到，但要挖掘深层的泥土，不含细菌和杂质。挖掘的红土或黄土要置于阳光下晒干后备用。黄土或红土中含有铁、锌、钴、锰、硒等多种微量元素，而且肉鸽比较喜欢泥土的味道，能够促进采食。

（2）沙砾 选购江河采掘的粗沙，用水冲洗干净，置于阳光下晒2～3天即可。沙的主要作用是帮助肌胃对饲料研磨消化。同时，沙粒在肌胃中也会被慢慢消化，其中的微量元素被肉鸽吸收利用。

沙砾要求直径 3～5 毫米，用量 20%～40%。沙砾缺乏时可用石灰石颗粒代替。

（3）**木炭末** 木炭末具有很强的吸附作用，能够吸附肠道产生的有害气体，清除有害的化学物质和细菌等，还有收敛止泻的功效。木炭末在肠道内吸附于消化道黏膜，保护肠道，但同时也吸附营养物质，对饲料营养成分的吸收有一定不利影响。木炭末在保健砂中的用量一般控制在 4% 以内。

（4）**多种维生素和氨基酸** 可保护鸽子的健康，保证鸽子正常生长发育，提高繁殖率。饲料中限制性氨基酸，如赖氨酸、蛋氨酸、胱氨酸等，可以在保健砂中适量添加，但必须注意，氨基酸添加要现用现配，不能将氨基酸混入保健砂中长时间存放。

（5）**中草药** 常用的中草药有穿心莲粉，有抗菌、清热和解毒功效；龙胆草粉，有消除炎症、抗菌防病和增进食欲的功效；甘草粉，能润肺止渴、刺激胃液分泌、帮助消化和增强机体活力；金银花清热解毒。

（6）**酵母粉** 酵母粉不但富含蛋白质和各种维生素，而且具有助消化的作用，特别是刚离开亲鸽的童鸽，保健砂中应适量添加。酵母粉在保健砂中必须现用现配。

2. 保健砂的配方 由于各地区饲养经验及当地矿物质元素的差异，各地保健砂的配方也有所不同。下面介绍几种比较有代表性的配方，供肉鸽场（户）参考。

（1）**昆明地区配方** 红壤土 20%，河沙 20%，骨粉 20%，蛋壳粉 10%，食盐 10%，木炭末 10%，砖末 10%。

（2）**广东地区配方** 黄泥 30%，细沙 25%，贝壳粉 15%，骨粉 10%，旧石膏 5%，熟石灰 5%，木炭末 5%，食盐 5%。

（3）**香港地区配方** 细沙 60%，贝壳粉 31%，食盐 3.3%，牛骨粉 1.4%，木炭末 1.5%，旧石膏 1%，明矾 0.5%，甘草 0.5%，龙胆草 0.5%，氧化铁 0.3%。

（4）**北方地区** 红泥土 35%，河沙 25%，贝壳粉 15%，骨粉

5%，石灰石 5%，木炭末 5%，食盐 5%，生石膏 5%。

（5）**台湾地区配方** 贝壳粉 40%，红土 35%，木炭 10%，骨粉 5%，细花岗石 5%，食盐 5%。

（6）**日本配方** 黄土 40%，砖末 30%，牡蛎粉 20%，旧石膏 6%，食盐 4%。

（7）**美国配方** 贝壳粉 40%，粗沙 35%，木炭末 6%，石灰石 6%，骨粉 8%，食盐 4%，红土 1%。

（8）**法国配方** 海贝壳（如牡蛎壳）或珊瑚 75%，直径 2～3 毫米的河沙 20%，食盐 5%。

有学者调查广东、广西的大型鸽场典型的保健砂配方，如下：

（1）**配方一** 中沙 25%，贝壳片（直径 0.8 厘米以下）20%，氧化铁 0.5%，熟石膏 5%，食盐 3%，旧石灰 5%，木炭 5%，啄羽灵主要成分是 1%，骨粉（炒熟）15%，黄土 10%，增蛋精 1%，龙胆草 1%，甘草 1%，多种维生素 0.5%，微量元素添加剂 7%。

（2）**配方二** 蛋氨酸 0.8%，赖氨酸 0.6%，穿心莲 0.5%，龙胆草 0.6%，铁粉 0.5%，明矾 1%，多种维生素 1%，微量元素 1%，木炭粉 4%，食盐 4%，陈石膏 6%，骨粉 10%，黄泥 10%，贝壳粉 25%，中粗沙 35%。

（3）**配方三** 蚝壳片 35%，骨粉 16%，石膏 3%，中沙 40%，木炭末 2%，明矾 1%，氧化铁 1%，甘草 1%，龙胆草 1%。

河南天成鸽业经 10 多年生产实践设计出一套保健砂配制方案，在河南、河北、天津、安徽、浙江福建、江西、山东、山西、陕西、湖南、湖北、四川、重庆、贵州、新疆、吉林、辽宁等多省（市）试点饲养，效果良好。为进一步推动我国肉鸽养殖业进一步健康快速发展，现将此方案介绍如下，供肉鸽养殖者参考：贝壳 25%，骨粉 15%，黄土 10%，陈石灰 5%，石膏 3%，食盐 4%，氧化铁红 1%，赖氨酸 1.5%，蛋氨酸 1%，小苏打 1%，元明粉 1%，中沙 30%，另加禽用微量元素、种鸽多种维生素、维生素 E、维生素 AD_3 粉适量。

3. 肉鸽保健砂的类型　目前，国内肉鸽保健砂共有 3 种类型：

（1）**粉型**　该类型适用于配方中大部分原料为细小颗粒的原料，把原料按比例称好，充分混匀即可投喂。其优点是便于鸽子采食，省工省力。

（2）**砖型**　该类型适用于配方中大部分原料为粉型原料。把原料称好，拌匀后，加清水调和，制成砖形阴干，喂时可敲成碎块，也可让鸽子啄食。其缺点是费工费时，某些营养成分会受到破坏。

（3）**湿型**　原料中颗粒料、粉料比例差不多，使用前把原料称好拌匀，加少量水混合（料水比约为 4 : 1），使粉料黏附在颗粒料上，易于鸽子采食。这种湿型保健砂鸽子慢慢能适应，有报道说鸽子似乎更喜欢这种潮湿的矿物质饲料。

4. 保健砂的使用方法

（1）**肉鸽采食保健砂观察**　肉鸽采食保健砂时，用喙啄食再吞咽至嗉囊。鸽采食保健砂顺序有以下几种：

①保健砂→饲料→饮水→哺喂仔鸽；

②饲料→保健砂→饮水→哺喂仔鸽；

③饮水→饲料→保健砂→哺喂仔鸽。

鸽会自行调控保健砂采食量。肉鸽采食保健砂呈周期性间隔，日常管理要求添加保健砂以 2～3 天吃完为好，要求保健砂新鲜干燥、盐量适宜。

（2）**种鸽保健砂用量**　鸽子在不同时期所需要的保健砂不同，生产鸽在整个育雏期对保健砂的需求情况是：出雏最初 3 天摄入量较少，4 天以后逐渐增多，3～4 周达到最高峰，4 周以后又慢慢减少。这是因为亲鸽能根据乳鸽的生长需要调节保健砂的采食量。一般情况下，每对产蛋鸽平均每天采食保健砂 6 克左右，以此推算各种添加剂和药物在保健砂中的比例，确保肉鸽健康生长。有研究表明，种鸽产蛋孵化期，每日每对种鸽采食保健砂 3.5～4.1 克；乳鸽出壳 3 天，每日每对种鸽采食保健砂 4.0～4.8 克；乳鸽出壳 4～7天，每日每对种鸽采食保健砂 7.5 克；乳鸽出壳 8～14 天，每对种鸽采食保健砂的量增加到 9.6 克；乳鸽出壳 15～21 天，采食量为 13.0 克；乳鸽出壳 22～28 天，达到最大保健砂采食量，为 18 克。

（3）**现配现用** 保健砂的原料无论是购买，还是自己采集，都要保证原料的质量。现配先用，保证新鲜，用保健砂杯饲喂。保健砂应该全天供给，自由采食，不限饲。实际生产中，保健砂以 2～3 天投放 1 次为宜。一般在上午喂料后投喂适量的保健砂。

（4）**定时供给** 每天定量供给，下午 3～4 时。注意保健砂不要和饲料放到一起，每周彻底清理保健砂杯 1 次，将旧的保健砂倒出，加入新鲜的保健砂，以保持肉鸽旺盛的采食力。

5. 配制保健砂注意事项 配制的保健砂要求适口性好、成本低、效果好。在配制保健砂时，要注意以下几点：①要检查各种配料是否纯净，有无杂质和霉变。②配料混合时应由少到多，反复搅拌均匀。用量少的配料，可先与少量砂粒混合均匀，逐渐稀释，最后混进全部的保健砂中。③需加入一定水分，使保健砂保持一定的湿度。④现配现用，防止某些物质被氧化、分解。一般可将保健砂中不易变质的主要配料，如贝壳片、河沙、黄泥等先混匀，再把用量少、易潮解的配料在每次饲喂前混合在一起。⑤在一些特殊季节或鸽群处于不同生理状态时（如夏季阴雨、哺育期），应及时调整木炭末的百分比，必要时加入一定量药物，以促进生长和预防疾病。另外，保健砂的配方及类型应保持相对稳定，不宜频繁更换。如必须更换，需要过渡期，以免对鸽群造成不良影响。

6. 新型保健砂的研制与应用 近年来，保健砂也在不断创新，广州某添加剂厂研制了豌豆大小的保健砂，既保持了保健砂的成本及功能，又方便鸽子采食，还不造成浪费和保健砂杯的污染。初步试验证明，这种保健砂成本基本不增加，节省了工人的投放保健砂时间。

（三）颗粒饲料在肉鸽养殖中的应用

1. 肉鸽生产使用全价颗粒饲料的必要性 随着肉鸽饲养业集约化程度的提高和养殖规模的扩大，传统的原粮加保健砂饲喂方式已不能适应大生产的需要，而全价颗粒饲料的应用改变了传统的饲养方式，满足了不同阶段鸽子的营养需要，克服了鸽子挑食、偏食、营养不全的现象，避免了配制、添加保健砂的劳动，极大地提高了亲鸽的产蛋和出仔率，饲料的消化吸收及利用更加充分，使乳鸽的生长速度加快、提早上市、大大提高了经济收益，已逐渐应用到肉鸽养殖中。例如，河南省偃师县肉鸽养殖普遍使用颗粒饲料。但是肉鸽不能全部饲喂颗粒饲料，一般做法是原粮玉米和蛋白质颗粒饲料配合应用较好。颗粒饲料的应用，可以很好地利用豆粕等饼粕类蛋白质饲料，同时可以将维生素、微量元素加入到颗粒饲料中，提高了饲料的全价性。

沙文锋等（2001）研制了种鸽平衡颗粒饲料，即种鸽的能量饲料仍以玉米等原粮为主，而把蛋白质类饲料以及维生素、矿物质和其他添加剂加工成颗粒饲料。杂交王鸽平衡颗粒饲料可使乳鸽增重 6.5%～8.7%，缩短种鸽生产周期 2.8～4 天，以代谢能 12.59 兆焦/千克、粗蛋白质为 14% 时对生产性能的提高较为明显。吴红等（2002）通过用全价颗粒饲料代替原粮饲料饲喂种鸽的试验结果表明，肉用种鸽的颗粒饲料能满足种鸽自身繁育和乳鸽的生长发育。其饲喂组 30 日龄乳鸽体重比原粮饲喂下的乳鸽体重提高 10%，种鸽生长周期平均缩短 4.6 天，年增加 1 对乳鸽。刘国强等（2004）在饲养杂交王鸽的试验中也得出同样的结论，即饲喂颗粒饲料的乳鸽的生长速度、产鸽的产蛋数、死胚率、种鸽的死亡数、乳鸽的成活率都优于饲喂原粒饲料。

根据国外有关资料报道，美国是在 20 世纪 30 年代就进行了肉鸽全价颗粒饲料的研究和生产，如美国的棕榈鸽场于 1932 年就做了用颗粒饲料与原粮饲料喂养肉鸽的对比试验，结果表明，饲喂颗粒饲料的鸽群比饲喂原粮的鸽群提高生产率 15%，效益十分显著。德国、泰国和我国的台湾省也相继报道了应用颗粒饲料饲喂肉鸽不同程度地提高了生产率，增加了乳鸽体重，节省了饲料成本。

2. 肉鸽颗粒饲料应用现状　传统的肉鸽饲料是以玉米、小麦、豌豆、高粱和火麻仁等原料饲料按一定比例混合而成，需要经常在水中添加多种维生素，需要专门的保健砂提供微量元素和钙、磷等矿物营养成分。2000 年初，全价饲料已开始在我国肉鸽生产中推广使用，近 10 年来全价颗粒饲料应用取得了良好的效果，养鸽发达地区已经打破了传统的纯原粮供料方式。全价颗粒饲料的生产水平也有较大提高，如肉鸽养殖量最大的广东省，目前有 3 个饲料公司生产的全价颗粒饲料占据了广东省肉鸽饲料市场一半，其中深圳华宝饲料公司生产的种鸽颗粒饲料年销售量达到 5 万多吨，是肉鸽饲料市场中销售最大的生产厂家。广州市穗屏饲料公司和江门市婴海饲料公司生产的种鸽饲料也占有一定的市场份额。河南省洛阳市畜康牧业有限公司饲料场肉鸽颗粒饲料的月销量达到 200 多吨，供应当地的肉鸽养殖户。此外，较大型的养鸽企业往往自行生产肉鸽颗粒饲料。如广州市良田鸽业公司、高要市贝来得鸽业公司、英德德丰农牧发展有限公司、江门翔顺鸽业公司等都自行生产鸽颗粒饲料供应本场。通常高、中、低营养水平的全价饲料粗蛋白质水平分别为 16%～17%、18%～19%、20%～21%，配合原粮玉米使用，其用量不同。

随着颗粒饲料的普遍应用和营养水平的不断提高，肉鸽的产量也得到相应的提高，许多鸽场产鸽带仔数从原来的 2 只提高至 3～4只，颗粒饲料的使用量也从原来的占日粮 25% 提高到 50%，有的达到 70%～80%。特别是 2011 年以来玉米及豌豆等饲料大幅涨价，从性价比来看豆粕代替豌豆将有效提高饲料的蛋白质水平，同时可节约较多的饲料成本。

3. 颗粒饲料原料选择

（1）动物性蛋白质饲料　蛋白质含量高，氨基酸比例合理，特别是植物性蛋白质饲料中缺乏的赖氨酸和色氨酸含量较多。同时，含钙、磷等无机盐也较多，比例适当，较易被机体消化和吸收。动物性蛋白质饲料主要有鱼粉、肉粉等。但使用动物性蛋白质会使肉质有腥味，在种鸽青年阶段可以使用，种鸽哺喂阶段或人工哺喂乳鸽料中不要使用。

（2）**植物性蛋白质饲料** 颗粒饲料生产中主要应用饼粕类饲料，蛋白质含量丰富，品质也较好。也可以用豌豆、大豆、黑豆等豆类子实。大豆中含有抗营养因子，必须炒熟后使用。

（3）**颗粒大小** 徐又新等（1990）比较了圆柱形颗粒饲料（直径6.0毫米、长度12.0毫米）与球形颗粒料（直径6毫米）对种鸽的影响，结果表明，饲喂球形颗粒料与圆柱形颗粒料相比，25日龄乳鸽平均增重多54.8克（$P<0.05$），育成率提高10%，饲料报酬提高1.1%，育雏后种鸽体重下降较少，能迅速恢复体重，确保下窝乳鸽的孵化质量。在饲料生产中，受生产设备条件的制约，种鸽料型大多采用直径3.5毫米、长度5～8毫米的颗粒料效果较好。

4. 配方原则

（1）**参考饲养标准** 配制日粮时依据肉鸽饲养标准，并根据鸽的品种、生长阶段、生理状态及饲养目的、生产水平等，合理配制日粮。

（2）**原料选择** 要求饲料原料无毒、无霉变、无污染、不含致病微生物和寄生虫。要优先利用本地饲料资源，同时考虑原料的市场价格，在保证营养需要的前提下，降低饲料成本。

（3）**原料多样化** 多种饲料搭配，发挥营养的互补作用。使日粮的营养价值高、适口性好，提高饲料的消化率和生产效能。

（4）**控制水分** 水分要适宜，水分过大，影响贮存，并使配料不准确。

（5）**保持饲料的相对稳定** 日粮配好后，要随季节、饲料资源、饲料价格、生产水平等进行适当变动，但变动不宜太大，保持相对的稳定，需要更换原料时，必须逐步过渡。

5. 颗粒饲料使用中存在的问题与对策

（1）**存在问题** 全价颗粒饲料解决了肉鸽集约化、规模化饲养过程中一些饲料原料采购困难、供应不正常和原粮配合过程繁杂的矛盾，为种鸽的科学饲养提供了营养保证，提高了种鸽的生产性能。但由于颗粒饲料改变了种鸽的采食习惯，生产中也出现了一些问题。刘国强等（2004）在饲养中发现，种鸽原粒饲料组基本无啄毛现象，而颗粒饲料组啄毛达到2%，且添加2%的羽毛素后啄毛现象仍无改观。另外，由于颗粒料采食量多于原粮，容易引起不带仔种鸽过肥，从而影响产蛋及受精。

开始饲喂颗粒饲料时，鸽子可能有采食量下降甚至拒食的表现，因此肉鸽饲料由原粮变成颗粒饲料，一般过渡7～9天，开始添加10%的颗粒饲料，逐步过渡到全部使用颗粒料。

（2）**对策**　甘肃农业大学李婉平等（2002）比较了颗粒饲料、原粮、混合饲料（颗粒饲料、原粮各占50%）对种鸽生产性能的影响，在主要营养水平基本一致和管理条件相同的情况下，产蛋数、出雏数无显著差异，乳鸽增重、成活率颗粒饲料组最低，混合饲料组经济效益最好，全部使用颗粒饲料没有达到预期效果，因此建议在种鸽生产中推广应用混合料。华南农业大学王修启等（2007）也发现与混合饲料相比，全价颗粒饲料造成了啄毛鸽数量的增多、乳鸽成活率降低和种鸽产蛋间隔的显著推后，降低了乳鸽的品质并延长了乳鸽生产周期，但全价饲料在饲料节约和降低种鸽繁殖期失重方面有明显优势。沙文锋等（2001）研制的种鸽平衡颗粒饲料实际上也是一种混合饲料，能量饲料使用原粮，保持了种鸽的采食天性，取得了较好的效果。

种鸽在哺育幼鸽时喜食颗粒饲料，不带乳鸽时喜食原粮饲料。在实际生产中，广东的中大型养鸽场大都使用混合饲料，即日粮中原粮饲料占70%～75%，全价颗粒饲料占25%～30%，并投喂保健砂。据深圳市华宝种鸽场6年使用混合饲料的统计来看，显著提高了健康乳鸽的成活率，1对种鸽全年可多产健康乳鸽2只，乳鸽平均耗料量降低了10%以上。另外，使用混合饲料后，亲鸽采食后不需在肌胃进行复杂的机械消化即可迅速反乳给仔鸽食用，种鸽生产性能提高，鸽场普遍采用仔鸽并窝3～4只的做法，缩短了种鸽繁殖周期。目前大型养鸽场有提高全价颗粒饲料比例的趋势，占混合饲料的30%～50%，乳鸽可并窝4～5只。

第五章
肉种鸽饲养管理技术

一、肉种鸽的饲养周期

肉鸽养殖不像其他养禽业需要购买雏禽，肉鸽场养殖的对象是种鸽，引种后可以利用 5～7 年，产品为商品乳鸽和鸽蛋。种鸽按照其生长和繁殖阶段可以分为乳鸽期、童鸽期、青年鸽期和繁殖期4 个阶段。乳鸽期是指出壳至 1 月龄，需要亲鸽哺喂；童鸽期是指留种用 1～3 月龄的幼鸽，是比较难养的时期；青年鸽是指 3～6月龄的种鸽，逐步进入性成熟，但注意不能早配，最好公、母鸽分开饲养。6 月龄以后的种鸽经过配对进入繁殖阶段，用来生产乳鸽或鸽蛋，其中后代优秀的个体可以留种，作为种鸽利用或出售。

二、肉种鸽各阶段饲养管理技术

（一）乳鸽期的饲养管理

1. 人工诱导哺喂　出壳后第一周的幼鸽，主要靠亲鸽补喂鸽乳来获得营养。亲鸽哺喂幼鸽时，幼鸽将喙插入亲鸽喙角，亲鸽伸颈低头，将鸽乳吐入幼鸽口中。出壳 1 周后，亲鸽吐出的鸽乳中会加入软化的饲料，以满足幼鸽食量的增加。如果乳鸽出壳 5～6 小时，种鸽仍不喂它的话，要检查和寻找原因。种鸽患病引起的不哺，除将其隔离治疗外，还要把乳鸽调出并窝；如果是种鸽初次育雏不会哺喂，应人工诱导哺喂。方法是：把初生乳鸽的喙轻轻地放进种鸽的喙里，经过几次诱导，种鸽即会哺喂。

2. 做好选留工作　准备留种的乳鸽要根据系谱记录和个体发育情况精心挑选，保证把高产个体留下来。查看系谱记录主要是了解父、母亲鸽的产蛋记录、孵化情况和育雏情况，选留后代要求亲鸽产蛋间隔短、孵化育雏能力强（母性好）；个体发育情况要求体重大，发育良好，无畸形。要注意早期选种的重要性，早期性状遗传力高，选种效果好。对符合留种条件的乳鸽，2周龄时带脚环。脚环是种鸽的身份证，终身不变。肉鸽的脚环印有号码，作为区分姐妹鸽的标志。

3. 及时调整亲鸽营养　乳鸽靠亲鸽来哺喂，但其生长发育迅速，增重快。因此，必须给亲鸽营养丰富的饲料，延长饲喂时间。留种乳鸽一般不进行人工哺喂，完全由亲鸽哺喂到1月龄独立觅食。在亲鸽哺喂阶段，随着乳鸽日龄的增加，其食量增加较快，亲鸽哺喂频率增加，最多每天哺喂十几次。因此，首先要保证亲鸽摄入足够优质饲料，增加豆类的用量，并且逐步增加饲喂量（比非哺喂期多吃1～3倍的饲料）。在乳鸽长到16～17日龄时，高产种鸽一般继续产蛋，所以一定要保证饲料营养水平。20～25日龄后，乳鸽会在笼里四处活动，学习采食，但自己采食效果不佳，仍然需要依靠亲鸽哺喂。补喂期应坚持亲鸽少给多次的原则，满足哺喂乳鸽的需要。河南天成鸽业有限公司发明了行走式料车，满足了种鸽采食需要，解决了亲鸽增加采食量的难题，值得推广应用。

4. 保持巢窝清洁干燥　出壳3～4天后，乳鸽补喂量日渐增加，排粪也多，往往很容易污染巢窝，引起乳鸽发病。乳鸽的生活环境一定要清洁、干燥、卫生，定期清理巢盆中的鸽粪，及时更换垫料。

5. 环境控制　初生乳鸽羽毛很短，御寒能力差，寒冬季节要做好鸽舍防寒保温工作，当舍温低于6℃时，要增加保暖设施；炎热夏季要防暑降温，舍温高于26℃时，做好防暑工作。

（二）童鸽期的饲养管理

童鸽是指留种用 1～3 月龄阶段的幼鸽，经历由亲鸽补喂到自己采食的转变，期间还要经历一次换羽过程，是比较难饲养的时期。为了减少童鸽患球虫病的风险，同时便于饲养管理，童鸽期最好笼养或网上平养。注意密度不可以太大，以免影响采食，每群30～50 只为宜，以方便观察，促进采食。笼养肉鸽时条形料槽挂在笼边缘，防止饲料抛撒，自流式饮水杯供水。童鸽饲养后期（45 天以后）可以采用网上大群饲养，以增加运动量，每群100～150 只。

1. 童鸽的生理特点　童鸽期生活方式发生了很大的变化，由原来亲鸽哺喂变为离巢独立生活，对环境的适应性差，采食能力弱，抗病力弱，需经过第二次换羽，是肉鸽最难饲养管理的阶段。童鸽生理特点表现在以下几个方面。

（1）对环境的适应性差　刚选留的童鸽，正处于从哺育生活转为独立生活的转折期，饲养环境发生了很大变化，再加上童鸽本身适应能力较弱，饲养管理稍有疏忽，就会使其生长受阻或患病。

（2）采食能力弱　童鸽由亲鸽哺喂转为自己采食，对采食方式和饲料都不适应，需要有一个过程。刚被转移到新鸽舍的童鸽，表现情绪不安，不吃不喝等，需要有半个月的适应期。适应期应精心喂养，加强护理，否则很容易患病死亡。首先要保持鸽笼干净、环境安静，喂给小颗粒饲料和充足的保健砂，饮水中添加多种维生素。

（3）抗病力弱　童鸽免疫系统发育不健全，抗病力较差，童鸽阶段是鸽子一生中最容易患病的时期，尤其在换羽过程中。预防童鸽发病首先要搞好鸽舍的清洁卫生，减少童鸽与鸽粪接触。其次是保证饲料、饮水卫生，喂给全价日粮和优质保健砂。此外，定期给予预防性投药。

2. 童鸽饲养方式

（1）离巢时间　商品乳鸽离巢时间为23～28 日龄，此时上市体重大、肉质好、饲料转化率高。如留作种用，可继续留养在亲鸽身边，长到 30 日龄、能完全独立生活时再捉离亲鸽。刚开始离开亲鸽的童鸽，应供给较小颗粒的优质饲料，经 1～2 天适应，童鸽即可完全自行采食。

（2）**建立童鸽档案** 为了避免将来近亲交配，必须建立系谱档案。被选留种用的童鸽也必须先戴上编号的脚环，做好原始记录（如脚环号、亲鸽号、羽毛特征、体重发育等），集中在童鸽舍饲养。

（3）**小群饲养** 童鸽阶段对环境的适应性较差，一般采用舍内饲养，要求房舍保暖性好，光照充足，通风良好。刚离开亲鸽的童鸽，生活能力不强，采食还不熟练，因此最好采用小群饲养，或者在童鸽育种笼中饲养，长形料槽、饮水杯挂在笼外，便于饲养人员观察，保证正常采食饮水。饲养密度 2 米² 育种笼可饲养 20～30 只，也有的养殖场将童鸽养殖在种鸽笼内，每笼可以养 3～5 只。

3. 童鸽对饲养环境的要求

（1）**温度控制** 童鸽舍环境温度一般控制在 15℃～27℃，冬季注意保温，晚上注意关闭门窗，堵塞孔洞，防止寒风侵入。夏季炎热时注意鸽舍通风换气、防暑降温。

（2）**湿度控制** 童鸽阶段经历第二次换羽，脱落的羽毛碎屑到处乱飞，因此要控制鸽舍空气相对湿度为 50%～60%，减少疫病的空气传播。常进行带鸽消毒可以提高鸽舍湿度；在夏季多雨时期，要注意开窗通风换气，有效降低舍内湿度。

（3）**光照控制** 童鸽阶段一般采取自然光照，秋、冬季适当补充人工光照，但总的光照时间不宜过长，刚转群的童鸽夜间适当照明补饲，提高其对环境的适应能力；夏季有窗鸽舍要注意适当遮光，避免光线过强引起鸽群骚动。

（4）**环境卫生** 舍内饲养童鸽，夏季防止蚊虫叮咬，鸽舍最好安装纱窗，用灭蚊剂喷洒时，注意避免童鸽大量吸入引进中毒。定期清除粪便，经常清洗料槽、饮水器，防止料槽和饮水杯被粪便污染。每周至少进行 1 次带鸽消毒，百毒杀、过氧乙酸轮换使用。

4. 做好选种工作

（1）**初选** 留种童鸽要经过严格挑选。初选一般根据乳鸽的体重、发育情况、羽毛颜色要求进行。凡外形、羽色符合品种特征和生长发育良好、没有畸形缺陷、1月龄体重达到600克以上的鸽子，都可以留种。达不到要求的鸽子作为商品鸽出售。

（2）**第二次选种** 55日龄左右的童鸽开始更换主翼羽，这时要进行一次选留。主要根据个体发育情况，羽毛更换速度选留，对不符合种用条件的童鸽予以淘汰。对选留的优秀个体进行新城疫、禽流感、禽痘等疫苗的接种。

（3）**建立档案** 为了避免将来近亲交配，必须建立系谱档案。被选留的童鸽必须戴上编有号码的脚环，然后做好原始记录（如自身脚环号码、羽毛特征、体重及亲代已产仔窝数等）后送入童鸽群饲养。

5. 童鸽的饲喂 进入童鸽期后，鸽子的生活方式发生了很大的变化，尤其在采食方式上，由亲鸽哺喂转变为自己采食，刚开始很不适应，需要精心管理。

（1）**饲料要求** 不同日龄的童鸽对饲料的要求不同，一般30～60日龄童鸽饲料要求粗蛋白质含量宜在16%～18%，同时尽量选择颗粒较小的玉米和豌豆，刚开始用清水浸泡晾干喂给，便于吞食和消化。在喂料方法上，要做到少喂多餐，以利于消化吸收。对60～90日龄童鸽，为预防太肥和早熟，常采取限饲的方法。一般每只每天喂料30～40克，每天喂2～3次，饲料粗蛋白质含量降至13%左右。如果发育过缓，达不到标准体重，也可适当提高粗蛋白质含量及饲喂次数。童鸽2月龄左右开始换羽，可适当增加能量饲料，占80%，火麻仁用量增至5%左右，以促进羽毛的更新。保健砂中适当加入穿心莲及龙胆草等中草药，预防呼吸道疾病及副伤寒等疾病的发生。

（2）**学习采食阶段饲喂** 童鸽在开始学习采食期间，最好用颗粒较小的饲料（小麦、高粱、小粒玉米、大米、豌豆等），便于采食。在饲喂前先用水进行浸泡软化，利于消化，同时供给优质的保健砂。对还没有学会采食的童鸽要进行人工塞喂，保证正常的营养需要，每天饲喂 3～4 次。每天每只鸽子加喂钙片或鱼肝油各 1 粒，连喂 5～7 天。

（3）**童鸽的饮水**　使用自动饮水设备要进行训练，具体方法为，当其口渴时，一手持鸽，一手将其头轻轻按住，让它的喙尖接触到自动饮水杯或饮水乳头，反复训练数次后即可学会自动饮水器的使用。在饮水中最好能定期补充 B 族维生素，有利于正常消化功能的恢复，提高童鸽的抗病力。

（4）**帮助消化**　童鸽消化功能较差，有的童鸽吃得太饱，容易引起积食，可灌服酵母片帮助消化。保健砂的供应一般每只童鸽每天 3～4 克，定时供应，保健砂颗粒不宜过大，在保健砂中可适当添加适量酵母粉和中草药粉，既帮助消化，又增强抵抗力。饲喂过程中还要细心观察采食情况，发现有食欲减退、独居一隅者，应及时进行隔离检查，对症治疗。

6. 预防用药　童鸽期是肉鸽一生中最容易患病的阶段，特别容易患消化不良和传染病。因此，在做好童鸽饲养管理的同时，定期采用针对性的预防性用药，能够减少疾病发生，保持鸽群良好健康状况，保障产蛋前成活率达 90% 以上。

（1）**刚离巢童鸽的用药**　30 日龄童鸽转舍后，从与父母一起笼养转变为群养，并离开了父、母亲鸽的呵护，此期适应能力和抗病能力较差，采食量小，易生病。为了减少应激，防止发病，刚离巢的童鸽注意补充 B 族维生素、维生素 A 和维生素 D。按说明书在饮水中添加复合维生素 B 液和鱼肝油乳剂，连续饮用 2～3 天。

（2）**阴雨天童鸽的用药**　阴雨天，特变是连绵阴雨，鸽舍潮湿，对饲养童鸽极为不利。要注意场地卫生，减少饲料和饮水污染；减少童鸽户外活动，避免雨淋，饮水中加入抗生素，来预防肠道疾病。

（3）**控制毛滴虫病和念珠菌病**　毛滴虫病和念珠菌病的发病

部位主要集中在上消化道，即口腔、咽部、食管和嗉囊。两种病所引起的症状和病变也十分相似，常合并感染。幼鸽感染率较成年鸽高，症状和病变也较严重，因此要定期检查，定期预防。①毛滴虫病：一般每3～4个月检查1次，采取食管分泌物直接涂片，40倍镜检，发现有虫体感染后即全场全面性用药（包括产鸽），可用0.05%甲硝唑溶液饮水，连用7天。用药后再采取食管分泌物镜查，检查疗效。②念珠菌病：制霉菌素每升饮水添加100万单位，连饮5～7天。饮水时，最好摇动饮水器具摇匀。

（4）**转群用药**　部分童鸽饲养到一定时期，需要场内转群或出售、运输到各地，为了减少运输途中的应激，减少疾病的发病和传播，在运输前3天需要喂服抗生素或抗菌药物，如青霉素、链霉素或磺胺类药物等，连用2～3天。

7. 换羽期的管理　童鸽在55～60日龄开始换羽，第一根主翼羽首先脱换，以后每隔10天更换1根主翼羽，至6月龄时换羽基本结束，并进入体成熟繁殖阶段。童鸽换羽期间，外界的不良刺激如寒冷、空气污染、营养不良等会引发疾病的流行，如沙门氏菌病、球虫病、毛滴虫病和念珠菌病等。因此，要做好防寒保暖、环境清洁工作；饲料中添加火麻仁可以促进羽毛再生，换羽期要保证蛋白质摄入，满足羽毛生长对含硫氨基酸的需要，适当减少日粮中能量饲料的比例，增加蛋白质饲料比例（豆类原粮增加到25%以上）。保健砂每天每只肉鸽3～5克定时供给。

换羽前期（55～85日龄）是童鸽在整个饲养期内发病率和死亡率的高峰时期。发病、死亡高峰一般从换羽开始，持续1个月左右，以后逐渐降低。因此，这一阶段要全力做好疾病预防工作，提高成活率。药物预防可根据情况选择使用或交替使用以下几种药物：①青霉素和链霉素混合饮水，每10升饮水中加入青霉素和链霉素各150万～200万单位（每天分2次给药）。②0.01%高锰酸钾溶液饮水，连续饮用3～5天，高峰期内使用3个疗程，每个疗程相隔3～4天。

（三）青年鸽的饲养管理

3月龄的种鸽进入青年鸽阶段，少量个体出现求偶配对行为，应避免早配。生产中青年鸽普遍采用大群网上平养，开放式鸽舍，有利于通风和采光，增加鸽群的活动。为了避免早配，青年鸽阶段要求公、母分群饲养，每群300～500只。料桶和水槽设置在网面上，方便采食、饮水，网面上还要设置栖架。青年鸽每天饲喂2～3次。

1. 青年鸽的生理特点

（1）**适应性增强**　青年鸽已经过了55～85日龄换羽危险期，生长发育减缓，消化能力增强，新陈代谢旺盛。青年鸽时期应实行限制饲养，以防止采食过多而引起过肥，从而抑制性腺的发育，延长繁殖期利用年限。3月龄后的青年鸽公母较容易区分，分群饲养，防止早熟、早配、早产。青年鸽进入稳定生长期，骨骼仍然在沉积钙、磷，应注意饲料中钙、磷含量及其比例。

（2）**活泼好动**　青年鸽精力旺盛，活动量较大，通常大群散养，让它们多晒太阳，多做运动，以增强体质。运动场设置洗浴池，夏天多洗浴。

（3）**性腺开始发育**　青年鸽性腺开始发育，逐渐达到性成熟。生产中要防止早熟、早配、早产等现象，尽量公母分开饲养。

2. 青年鸽的饲养方式

（1）**大群饲养**　青年鸽适合大群地面平养或网上平养，以增加运动量。将小群饲养的童鸽转入大群饲养的青年鸽棚，一般每群250只左右，活动空间40米^{2}左右，饲养密度每平方米6～8只。地面和网上要设置栖架，舍外设置运动场，采食、饮水均在运动场进行。运动场要求向阳，保持清洁干燥。地面平养鸽舍保暖性较好，适合北方寒冷地区采用；网上平养鸽舍通风、防潮性能较好，适合南方多雨、炎热地区采用。

（3）**公母分群**　3月龄的青年鸽，第二特征有所表现，活动能力也越来越强，这时可选优去劣，公母分开饲养，并对鸽群进行驱虫，保证鸽子正常生长发育。公母分群饲养还可以防止早配现象，6月龄以前配对属于早配。青年鸽主要通过性行为表现和耻骨特征进行公母鉴别。公鸽耻骨厚硬，耻骨间距窄，母鸽耻骨薄软，耻骨间距宽。

3. 青年鸽的饲喂

（1）限制饲喂 青年鸽生长发育减缓，如果自由采食，会出现采食过多而引起过肥，影响到肉鸽以后的繁殖性能，有的甚至由于脂肪浸润卵巢而不产蛋。日粮中要适当减少玉米、小麦等能量饲料的比例，增加豆类饲料比例，同时控制饲喂量。刚转入青年鸽棚的3～5天，肉鸽采食量可能有一定的下降，待恢复正常采食量后，开始减少饲喂量，从60日龄开始，每只每天饲喂量控制在35～40克，每天分2次饲喂。往后每隔5天左右，饲喂量下降5%，最后稳定在每日每只30克左右，直至5月龄，部分青年鸽开始产蛋时，恢复35～40克的正常饲喂量。采食过多会引起肉鸽过肥，出现早产、无精蛋多、畸形蛋多等不良现象。特别注意3～5月龄的青年鸽的饲料供给量，预防鸽子太肥和性早熟。每天饲喂2～3次，投料量也不能太多，约半小时内吃完。吃完料后将料槽拿开或翻转，底部朝上。保健砂的供给应充足，每天供给1次，每只每天3～4克。青年鸽晚上不需补充饲料和增加光照。

（2）增加蛋白质饲料用量 青年鸽仍然需要不断换羽，至6月龄时羽毛基本更换结束，并进入体成熟。由于青年鸽伴随着主翼羽的更换和机体各类器官的继续发育，青年鸽在限制饲喂量的同时，要适当减少日粮中能量饲料而增加蛋白质饲料的比例，一般蛋白质饲料占25%以上。

4. 青年鸽管理

（1）增加运动 青年鸽活泼好动，适合大群地面平养或网上平养，在地面和网上设置栖架，飞上飞下加强运动，这对于增强体质，防止过肥很有好处。青年鸽阶段要有足够的运动场，运动场向阳，保持清洁干燥。

（2）**做好选留**　选留个体健壮、精神饱满、眼睛灵活、羽毛光亮、表现活泼的鸽子；淘汰个体小、行动迟缓、眼无神、羽毛松乱、不爱活动的鸽子。对145～155日龄的鸽子加强观察，发现配对及时抓出分开饲养，这种情况往往是由于雌雄鉴别错误造成的。6月龄的种鸽大多已成熟，主翼羽大部分更换到最后1根，这时应做好配对前的准备工作。3月龄时，留种鸽肌内注射鸽瘟灭活苗0.5毫升。

（3）**鸽子的捕捉方法**　在大群中捕捉鸽子需要用捕鸽罩，网口直径35厘米，网深40厘米，杆长2～5米。用捕鸽罩可以轻松将地面、栖架及飞行的鸽子捕捉到。捕到后，将网口扣向地面，用一手深入网罩，压住鸽子背部，使其不能挣扎，然后用手掌将翅膀和鸽身同时夹紧，轻轻从网罩中取出。

如果没有捕鸽罩，捕捉时应将鸽子赶到鸽舍一角，两手高举，张开手掌，从上往下迅速而轻轻地将鸽子压住，压住后不要让鸽子扑打翅膀，以免损伤翼羽和尾羽，然后再用上面的方法将鸽子捉住。从笼中抓取鸽子时，一手深入笼中，将鸽子赶到笼子一角，然后从鸽子身体后上方迅速按压住背部，张开手掌抓住鸽子的身体及翅膀，从笼中抓出。捉鸽与持鸽方法见图5-1。

捉鸽方法　　　　单手持鸽法　　　双手持鸽法

图5-1　捉鸽、持鸽方法

（四）种鸽繁殖期的饲养管理

肉鸽属单配制禽类，一公一母单笼饲养有利于繁殖工作的开展。笼内靠后悬挂巢盆，供种鸽产蛋、孵化、育雏用。料槽、保健砂杯挂在笼门一侧网上，方便采食，减少饲料浪费。杯式自流饮水器安装在两个单笼之间，上有挡板防止上层笼粪便落入水杯中。

1. 种鸽笼养　将配好对的种鸽单笼饲养是目前最常见的饲养方式，其优点总结如下。

（1）提高饲养密度，减少基建投资　肉鸽笼养，每平方米房舍面积可饲养种鸽4～5对，群养每平方米只能饲养1～2对。因此，种鸽笼养可以大大减少基建投资。

（2）易于饲养管理　种鸽笼养，单笼配对，观察记录方便，操作方便，大大节省清洁卫生工时，增加了单位劳动力的饲养数量，每个饲养员可以负责1 000～1 500对亲鸽的饲养管理，比群养方式提高2～3倍，提高了工作效率。

（3）提高种鸽的生产力　种鸽笼养避免了种鸽之间的干扰，可减少破蛋率、提高孵化率和年产乳鸽窝数。同时，由于亲鸽专心孵化和育雏，孵化率和乳鸽的肥度都有明显提高。

（4）有利于对亲鸽的观察和记录　单笼饲养的种鸽，饲养人员能够及时掌握亲鸽的生产情况，发现问题立即采取措施，而且便于做好选优去劣工作，将生产力较差及病残鸽及时淘汰。

（5）减少传染病的发生与传播　笼养种鸽实现了每对鸽的隔离饲养，且饲料、饮水的供给都在笼外，减少了粪便和尘埃的污染，可有效地预防传染病的发生及传播。

2. 种鸽配对

（1）种鸽的配对年龄　肉鸽性成熟较早，3月龄左右就出现求偶行为，但配对过早出现会造成种蛋受精率低、畸形蛋比例高，还会影响以后的繁殖性能。种鸽6月龄配对比较适合，这时身体发育较好。肉鸽的配对方法有自然配对和人工强制配对两种，在生产中人工强制配对较常用。

（2）**自然配对** 将发育成熟的公、母种鸽按照相同的比例放入同一场地散养，由公、母鸽自行决定配偶，然后将配对成功的1对种鸽放入繁殖笼中饲养，这种配对方法称为自然配对。自然配对的种鸽关系维持较好，能相处较长时间，甚至终身不变。自然配对工作的关键是做好配对场所的准备，在较短时间内完成配对任务。为了辨认配对成功的组合，在场地四周设置临时巢盆，晚上将在同一巢盆中的公、母鸽捉住，放入同一种鸽笼中。自然配对容易出现近亲交配，应避免。

（3）**人工强制配对** 将发育成熟的鸽鉴定性别后，按照一公一母直接放入同一繁殖笼中饲养，人为决定种鸽的配偶。与自然配对相比较，人工强制配对不需要专门的配对场所，方法简单易行，被大多数养鸽场所采用。同时，人工强制配对也有利于育种工作的开展，完成合理选配。人工强制配对要求公母鉴别准确度高，由专业人员或有经验的饲养人员完成。这种配对方法一次成功率不是很高，配对后要注意观察，一旦发现打斗，要及时分开，重新配对，否则会出现严重伤残。

不论是自然配对还是人工强制配对，配对后要做好记录，以利查对。新配种鸽要注意观察配对情况，避免不良配对。人工配对的种鸽，相互建立情感需要2～3天；发现打斗行为，应及时隔离；隔离3～4天后配对仍不成功，则应重新配对。有时由于公母鉴别错误，造成两母或两公配对，这种情况两只鸽子很难相处，不停打斗，应重新配对。

3. 做好上笼前的准备工作

（1）**笼具的准备** 肉鸽普遍采用笼养，每个单笼放置1对种鸽，对每个单笼进行编号，方便观察记录。另外，准备好巢盆、垫料、采食饮水器具。种鸽笼一般为3层，两层中间放承粪板，也有4层鸽笼，但最上面一层不便于照蛋操作。

（2）**上笼前的挑选** 体型、羽色具有本品种特征，羽毛有光泽，体质健壮，结构匀称，发育良好，无畸形（瞎眼、歪嘴、瘸腿等）。6月龄公鸽体重在750克以上，母鸽体重在600克以上。对准备上笼的公、母鸽肛门周围进行修剪（图5-2），是提高种蛋受精率的有效措施，剪毛工作在以后的生产中要定期进行。

图5-2　肛门羽毛修剪

（3）**驱虫、接种疫苗**　上笼前进行鸽瘟灭活苗的接种，肌内注射，用量1毫升。上笼前驱虫，用左旋咪唑或丙硫咪唑，每千克体重0.1克（1片），1周后再用1次，彻底消灭体内寄生虫。

（4）**做好记录**　种鸽要做好各项记录工作，对种鸽笼进行编号，制作种鸽卡片档案，做好各项生产记录，如产蛋记录、孵化记录、乳鸽生长记录、乳鸽处理记录等。种鸽生产记录卡片见表5-1。

表5-1　种鸽卡片

第___棚___间___号笼　　　　　　　　　　雄___雄___雄

编号：　体重：　羽色：

配对日期___年___月___日　　　　　　　雌___雌___雌

项目＼窝序	产蛋日期	产蛋量	无精蛋数	死精蛋数	死胚蛋数	出雏数	留种数	出售数	残次数	死亡数	各周龄体重（克）				羽色特征	备注
											1	2	3	4		
1																
2																
3																

4. 配对后的管理

（1）**定巢与亲巢**　种鸽要有舒适的巢窝才能安心产蛋、孵蛋，不然即便产了蛋，也会弃而不孵。需要在种鸽笼巢架上放置巢盆，铺上干净垫料，随后把配对后的种鸽放入笼内，进行定巢和亲巢。所谓定巢，就是使种鸽认可和熟悉为其安排的巢窝。种鸽入笼后，一般3～5天出现恋巢表现，双双进出巢窝，此现象表明定巢过程已完成。3～5天后，亲鸽形影不离，伏在巢里并发出"咕咕"叫声，这是对巢窝称心如意的表现，为亲巢过程。

（2）**肉鸽的产蛋观察与记录**　肉鸽上笼配对后7～10天产蛋，饲养人员需细心观察产蛋日期，记录产蛋情况，及时发现异常情况。做好产蛋记录也是为照检做准备。鸽子一窝只产2枚蛋，2枚蛋间隔26小时产出，平均蛋重23克左右，蛋壳纯白色。初产母鸽有时只产1枚蛋，也属于正常情况，第二窝蛋就正常了，但是绝不会一窝产3枚。记录种鸽产蛋情况时，用1根短竹竿从笼外伸入，轻轻将巢盆中的鸽子挑起，即可看清产蛋情况（图5-3）。初产种鸽的蛋重较小，孵化率、受精率、孵化率也较低，随着种鸽发育成熟，种蛋重量也达到正常。产蛋后及时检查有无畸形蛋和破蛋。要经常观察初产鸽蛋巢是否固定、新配偶是否和睦；对体型大的鸽要特别护理，防止压碎鸽蛋；要防止由于营养不全或有恶食癖的鸽啄食种蛋。

图5-3　种鸽查窝

（3）**巢盆、垫料管理**　种鸽上笼配对后，要避免将蛋产在没有垫料的巢盆中弄破，或产于笼底。种鸽配对上笼前，要将巢盆清洗干净，铺好柔软、干燥、无污染的垫料。生产中常用垫料有麻袋片、薄海绵、地毯、垫布等。这些材料不容易掉出来，易清洗，消毒后可以重复利用。

当笼中乳鸽长到 10 天左右时，饲养人员要准备另外一个巢盆，将原有巢盆放置在笼底一角供乳鸽休息（或铺设塑料网，将乳鸽放置其上），新巢盆放置在巢盆架上，为下一窝蛋做好准备，否则种鸽容易将蛋产在笼底而被踩破。高产种鸽在乳鸽出壳后 1 周就能产下一窝蛋，低产种鸽要到乳鸽长到 20 多天后才产下一窝蛋。饲养人员一定要及时查窝，做好产蛋记录，淘汰产蛋间隔长（两窝蛋超过 50 天）的低产鸽。

5. 繁殖期环境要求　为种鸽创造适宜的环境条件是提高肉鸽繁殖力的基本条件，鸽舍内的温度、湿度、通风和有害气体对种鸽生产影响较大，要做到鸽舍冬暖夏凉，干燥清爽，有害气体浓度不危害鸽体健康。鸽子的孵化温度受到自然温度影响很大。天气寒冷，易引起孵化早期死胚，巢盘要适当增厚垫料，密封门窗；天气炎热，孵化后期易死胚，要适当减少垫料，打开门窗，地板洒水，还可用风扇降温。

（1）**光照**　光照的时间和强度直接影响肉鸽的性成熟和生产性能。光照时间可改变母肉鸽的开产日龄，长时间的光照可使肉鸽早熟，反之则会延迟肉鸽的开产日龄。足够的光照时间可刺激肉鸽视觉细胞，引起一系列的性激素分泌活动，促使卵泡的发育和排卵。一般产蛋母肉鸽光照时间要求达 16 小时，过长、过短的光照都会对产蛋有影响。

（2）**温度**　鸽子浑身长满羽毛，没有汗腺，相对耐寒怕热。温度对采食量有影响，夏季采食量下降，冬季采食量增加。肉鸽繁殖期最适宜环境温度为 21℃（18℃～27℃）。冬季做好舍内通风和保温工作。

（3）**空气湿度**　肉鸽繁殖期的适宜空气相对湿度为 55%～60%，如果湿度过大，会使肉鸽的羽毛污秽，特别是高温使肉鸽的蒸发散热受阻，体内积热造成中暑。低温高湿环境，肉鸽失热过多，易受凉甚至冻伤。湿度过低，鸽羽毛蓬乱，皮肤干燥，还会引起舍内灰尘增多，导致呼吸道疾病多发。

（4）**通风**　通风目的：①保持舍内良好的空气质量，充足的氧气供应，排出有害气体；②带走多余的热量和水汽；③夏季提高风速，达到风冷效应降温，使肉鸽体感温度下降。鸽舍应具有良好的通风条件，鸽笼摆放也应有利于通风。舍内通风不良易使幼鸽体质衰弱和患病，胚胎发育不良。当用木板或竹片钉鸽笼时，板条尽量窄，一般为1～1.5厘米，若太宽，不利于通风和采光。寒冷季节，特别是北方要做好鸽舍的防寒工作，不要使寒风直接吹到鸽子身上。

6. 肉种鸽日常管理

（1）**人鸽亲近**　鸽胆小易惊，故惊扰是养鸽大忌。因此，接触鸽子的前提是人鸽亲和。生产中除了经常亲近鸽子的饲养人员外，他人不能随意接触鸽子和进入鸽舍。人进去时，态度要温和，打扫鸽舍时动作要轻稳，严禁粗暴操作；当鸽群出现惊恐时，要及时消除引起惊恐的音响、异物、异色，回避不熟悉的陌生人。

（2）**定时定量饲喂**　1～2月龄幼鸽饲喂3～4次/天，3～6月龄饲喂2次/天，种鸽饲喂2～3次/天，哺乳期种鸽适当补饲。养至5～6月龄的青年鸽，这个时期的鸽子生长发育已趋成熟，主翼羽已脱换7、8根，应调整喂量，增加豆类蛋白质饲料喂量，不能低于20%，使其性成熟比较一致，开产时间较整齐，种蛋质量好。

（3）**保证充足饮水**　水对肉鸽生产非常重要，但常常被忽视。肉鸽养殖中要全天供水。水温要随舍温变化，舍温很低时应增加水温，而气温高时应降低饮水温度，饮用水的最佳温度为10℃～12℃。缺水容易引起肉鸽体温升高、消化不良、食欲不振等。要求饮水清洁无污染。

（4）**投放保健砂**　保健砂最好现配现用，盛放保健砂应使用陶瓷或塑料制品，以免保健砂中的营养元素被破坏。

（5）**搞好卫生**　鸽舍要保持安静和干燥、清洁，如阴暗潮湿，嘈杂都会严重影响鸽子的生产，同时易发生疾病。鸽舍必须做到清洁卫生，环境安静，杜绝兽害。笼舍内无积粪，无污水、污物，无臭味，无蚊蝇等。笼舍每天清扫1次，每隔半个月用3%来苏儿溶液喷雾消毒1次。工作人员进入鸽舍要穿工作服和鞋。鸽笼笼底必须有网眼，使粪便能漏入接粪盘，保持鸽笼卫生。喂鸽的水槽、料槽、保健砂杯必须挂在鸽笼的外面，与粪便隔绝，方便添加。群养鸽的共用料槽和水槽必须有保护装置，防止鸽粪进入槽内。定期给肉鸽洗浴，保持鸽子羽毛清洁，防止体外寄生虫。

7. 孵化阶段管理

（1）创造适宜的孵化环境　饲养人员首先要做好巢盆及巢盆中垫料的管理，创造安静的孵化环境。种鸽舍光线不要太强，否则会影响种鸽的自然孵化，在窗户边的鸽笼由于光线过强，孵化率有所下降。窗户太大的鸽舍，最好加装窗帘，在中午前后做遮光处理。

（2）自然孵化管理　鸽子在产下第二枚蛋后才开始孵化，但也有初配对的鸽产第一枚蛋后便开始孵化。

孵化管理注意事项：①孵化时，鸽子精神非常集中，对外界的警戒心特别高，所以一般不要去摸蛋或偷看孵化，谢绝外人进舍参观。此外，还要避免汽车喇叭声及机械声等干扰，尽量保持鸽舍环境安静，让鸽子安心孵蛋。②发现鸽子在孵蛋期间离开蛋巢时，不用担心，更不必去惊扰，那是在凉蛋，属正常现象。③要提高饲料的营养水平，粗蛋白质含量应在18%～20%，这样才能使鸽子获得足够的营养，为乳鸽出生后供应鸽乳做好准备。

（3）照蛋　在孵化过程中，根据产蛋记录，于孵化第4～5天进行第一次照检，将无精蛋和死精蛋剔除。照蛋在晚上进行，鸽子比较安静。照蛋由两人操作，一人取蛋、放蛋，一人照蛋。照蛋用手电筒。取蛋、放蛋时要求手心向下，伸入鸽子腹下，以免踩破种蛋。照蛋人员要转动鸽蛋，发现胚胎及血管。正常发育的胚蛋，照蛋时发现蛋的一侧有均匀的血管分布，呈蜘蛛网状；如果蛋透明没有血管，属于无精蛋；如果血管短小而扁平，呈一条血线或血环，属于死精蛋（图5-4）。

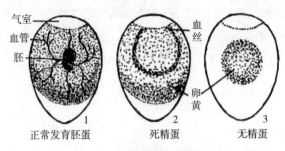

图5-4　鸽蛋的照检（第五天）

也可以在孵化到第10天进行第二次照蛋。若蛋内一端乌黑，固定不动，另一端气室增大，则胚胎发育正常；若蛋内容物如水状流动，壳呈灰色，则为死胚蛋。及时捡出无精蛋、死精蛋、死胚蛋。

（4）**种蛋并窝，提高繁殖率**　照蛋后，如果剩下1枚正常发育胚蛋，可以并入其他窝中，让保姆鸽代孵。这样没有鸽蛋的种鸽可以集中精力搞好下一窝的生产，缩短繁殖周期，使全群的繁殖率大大提高。并蛋要求并入的鸽蛋和保姆鸽产蛋日期相近，保证同时出雏。保姆鸽可以同时孵化3枚种蛋。

（5）**出雏观察与人工助产**　经过18天的孵化，多数雏鸽可破壳而出。对个别出壳困难的要进行人工助产。方法将大头蛋壳敲破，发现蛋壳膜干燥、黄白色，即可助产，如发现蛋壳膜湿润、有血管，则不能助产。助产时打开蛋壳膜，将雏鸽头部轻轻拉出壳外，放回巢盆中继续孵化。经过19天仍然没有出壳，估计胚胎已经死亡，要从巢盆中取出丢弃。

（6）**体表寄生虫防治**　羽虱会造成种鸽烦躁不安，不能安心孵蛋。笼养产鸽每年安排1～2次药浴，采用0.3%氰戊菊酯乳油溶液，0.2%敌百虫溶液。

第六章
乳鸽与鸽蛋生产技术

一、乳鸽生产

乳鸽是指 23～28 日龄上市供人们食用的幼鸽，乳鸽是肉鸽养殖的主要产品，上市体重决定乳鸽品质。养好种鸽是提高乳鸽成活率和上市体重的前提，增加种鸽年产乳鸽数量与乳鸽上市体重是饲养种鸽取得高效益的保证。

（一）乳鸽的生长规律

1. 早期生长速度快　经过 17～18 天的孵化，乳鸽破壳而出，体表绒毛细软、稀疏，躯体软弱，不能行走，不会啄食，眼睛未睁开，一般在 3～4 日龄时睁开，卧在亲鸽腹下。乳鸽出壳后不久就会得到父、母亲鸽的哺喂。乳鸽早期生长速度很快，刚出壳时重量只有 18 克左右，2 天后体重增加 1 倍，亲鸽哺育 25 天后体重可达到 500 克以上。

2. 体重的遗传　肉鸽体重的遗传力较高，在同一品种内体重较大者，其蛋重也较大，孵出的乳鸽体大，生长更快。甘肃农业大学李婉平等研究，肉鸽体重与蛋重，蛋重与乳鸽的初生重相关性很强，乳鸽初生重直接影响到乳鸽的早期增重。在饲喂过程中也观察到乳鸽初生重较大和健壮者能优先授喂，其生长也更迅速。肉鸽留种时，选择体重大的种鸽对后代乳鸽的增重有很好的效果。但种鸽体重过大，其产蛋量少，且行动不灵活而踏破鸽蛋，造成繁殖率下降。白羽王鸽适宜的体重在 700～800 克。

3. 乳鸽增重规律　甘肃农业大学李婉平等对乳鸽各周龄体重及绝对增重进行了研究。发现乳鸽的快速生长期在第 1～2 周龄，第 3 周龄增重减慢（表 6-1）。这一方面是乳鸽本身的生长发育规律，此外也与亲鸽的哺喂料量难以满足乳鸽迅速生长有关。乳鸽在 2 周龄后进行人工哺喂效果更佳。

表 6-1　乳鸽各周龄体重及绝对增重值　（克）

周　龄	1	2	3	4
平均体重	160.37	351.68	476.02	528.49
周增重值	142.84	191.31	123.34	52.47

（二）乳鸽的屠宰性能

1. 活重　活重是乳鸽重要的经济指标，是乳鸽分级的重要参考依据。乳鸽活重要求上市空腹体重，早晨喂料前称重。乳鸽上市日龄一般在 25 天左右，活重要求达到 500 克以上。人工哺喂可以提高乳鸽上市活重。

2. 屠体重与屠宰率　屠体重是指乳鸽屠宰时放血、浸烫拔羽、去除喙壳脚皮后的重量，湿拔毛必须沥干水分后测定屠体重。乳鸽屠宰率一般能达到 85%～88%。屠宰率计算公式为：

$$屠宰率（\%）＝屠体重／活重×100\%$$

3. 半净膛重与半净膛率　市场上销售的白条乳鸽一般为半净膛。测定半净膛重首先要开膛去内脏，先在嗉囊处剪开皮肤，将嗉囊、食管分离去除，然后挤压肛门，使直肠中粪便排出，在肛门下横切（剪）一刀，长度 2 厘米，伸进手指钩住肌胃将消化系统等内脏拉出，称重。称乳鸽半净膛重，需要保留腺胃、肌胃（去除角质膜和内容物）、心、肝及腹脂。正常乳鸽的半净膛率应达到77%～80%。半净膛率计算公式为：

$$半净膛率（\%）＝半净膛重 / 活重 × 100$$

4. 全净膛重与全净膛率 全净膛重是指半净膛重减去腺胃、肌胃、心、肝以及腹脂的重量。正常乳鸽的全净膛率应达到61%～65%。全净膛率计算公式为：

$$全净膛率（\%）＝全净膛重 / 活重 × 100$$

江苏省江阴市威特凯鸽业有限公司测定欧洲肉鸽屠宰性能指标，见表6-2。

表6-2　欧洲肉鸽屠宰性能测定（4周龄乳鸽）

屠宰指标	屠宰性能（克）					
	Ⅰ系		Ⅱ系		Ⅲ系	
	公	母	公	公	母	公
活体重	601.54	575.27	622.32	596.88	639.09	612.75
屠体重	505.91	481.56	522.78	500.92	535.74	514.29
半净膛重	464.39	441.74	481.52	463.41	494.76	473.83
全净膛重	369.25	351.14	392.37	370.13	394.67	378.25
胸肌重	103.24	99.31	112.47	103.26	110.27	106.89
腿肌重	30.13	28.71	32.26	30.26	32.51	31.04
屠宰率（%）	84.10	83.71	84.01	83.92	83.83	83.93
半净膛率（%）	77.20	76.79	77.38	77.64	77.42	77.33
全净膛率（%）	61.38	61.04	63.05	62.01	61.76	61.73
胸肌率（%）	27.96	28.28	28.66	27.90	27.94	28.26
腿肌率（%）	8.16	8.18	8.22	8.18	8.24	8.21

（三）自然哺喂乳鸽生产

1. 自然哺育规律　鸽子属于晚成雏，孵出后的前三天，完全依赖父、母亲鸽嗉囊分泌的鸽乳，主要成分为水分70%～80%、粗蛋白质14%～16%、粗脂肪6%～11.7%、灰分1.0%～1.8%、碳水化合物0.77%。乳鸽刚出壳时，每只亲鸽一昼夜可分泌鸽乳20克左右。乳鸽4日龄以后，亲鸽哺喂的食物中逐渐加入饲料，7日龄以后停止分泌鸽乳，完全依靠亲鸽吃进去的饲料来哺喂。

2. 巢盆管理　为了提高乳鸽的成活率和生长速度，需要做好巢盆、垫料的清洁卫生工作，创造舒适的生长环境。保持巢盆、垫料的清洁卫生。也可以在笼底一角铺设塑料网（或巢盆），将15天以后的乳鸽置于其上，减少铁丝笼网底对乳鸽的摩擦，避免出现胸部囊肿。

3. 加强种鸽饲喂　为了提高乳鸽的生长速度，提高饲料转化率，必须加强亲鸽饲喂，亲鸽在哺喂乳鸽阶段，随着乳鸽的长大，采食量增加很多。非带仔生产鸽每天每对采食量为75～90克；带0～7日龄乳鸽的生产鸽每天每对采食量为95～110克；带8～14日龄乳鸽的生产鸽每天每对采食量为135～150克；带15日龄～上市乳鸽的生产鸽每天每对采食量为145～160克。生产中要对带仔亲鸽增加饲喂次数，延长饲喂时间，增加豆类饲料比例。哺喂期种鸽每天饲喂3～4次，每次30分钟，饲养人员在加料时，观察乳鸽的大小，来判断采食量，每个鸽笼制定不同料量。带仔亲鸽采食时间至少30分钟，保证采食需要。

哺喂期种鸽饲料营养要丰富而全面，饲料代谢能12.14兆焦/千克左右，粗蛋白质15%～16%，蛋白质饲料达到30%～40%，能量饲料占60%～70%，保证新鲜饮水和保健砂。满足亲鸽产蛋与乳鸽生长需要。

4. 提高乳鸽生长均匀度

（1）**对换位置**　亲鸽习惯先哺喂巢盆中固定位置的乳鸽，长期会造成乳鸽一大一小。两只乳鸽对换位置，有利于均匀受食。具体做法：6～7 日龄乳鸽会站立之前，每隔 2～3 天调换 1 次两只乳鸽位置，得到种鸽的相同照顾，提高均匀度。

（2）**隔离体重大的一只**　体重大的乳鸽在争抢食物中处于优势地位，越长越大。措施：亲鸽哺喂时先把体重大的乳鸽从巢盆中取出，让亲鸽先哺喂体重小的，然后放回体重大的雏鸽，这样哺喂 3～5 次以后，2 只乳鸽体重就会接近。

（3）**增加喂料次数**　自然哺喂方法培育乳鸽，需要增加种鸽的饲喂次数，以满足乳鸽生长所需要的营养。一般每天喂料 4 次，早上两次间隔 1 小时，下午两次间隔 1 小时，每次采食时间 20～30分钟，可以确保乳鸽得到充分的哺喂和全面营养的摄入。这样做的理论依据是：亲鸽哺喂需要时间，在投喂第一次时，很可能大的那只幼鸽吃饱了，小的却没有，1 小时后再次投喂时，亲鸽在条件反射下继续采食，然后再次哺喂幼鸽，此时偏大的幼鸽索食欲望减弱，小的那只索食仍然强烈，正好被喂饱，从而保证了 2 只乳鸽吃进同量的食物，从而长势均等。

（4）**调并乳鸽**　一窝仅孵一只乳鸽或一对乳鸽中途死亡仅剩一只的，都可以合并到日龄相同或相近的其他单雏或双雏窝里。这样做，可以避免被亲鸽喂得过饱而引起嗉囊积食的现象。刚并窝时要注意观察亲鸽有没有拒喂和欺生现象。

5. 及时离巢　作为商品乳鸽，要根据市场需要，尽量提前离巢，缩短在种鸽笼中停留的时间。这样，亲鸽才能集中精力搞好下一窝生产。一般商品乳鸽 25 天左右离巢较为合适，这时的乳鸽羽翼丰满，体重适宜，屠体美观，肉质最佳。南方市场，有需要 20～23 天的乳鸽，可以适当提前离巢。但从乳鸽的生长规律来看，21～27 天这一阶段长势较为旺盛，也是乳鸽增重较快的阶段。留种乳鸽可以适当推迟离巢时间，但最晚不超过 30 日龄。

6. 防止乳鸽消化不良　乳鸽生长到 7 天以后，从亲鸽嗉囊中获取的基本上全部是原粮，亲鸽停止分泌鸽乳，而且采食量大大增加，很容易引起乳鸽消化不良。发现消化不良现象时，应喂给亲鸽或乳鸽一些帮助消化的药物，如酵母片、维生素 B_1 片等。

7. 乳鸽并窝　乳鸽并窝是指将不同鸽巢中出壳日龄相近的乳鸽合并在一起，由一对亲鸽来哺喂的方法，这样一对亲鸽可以一次哺喂 2～3 只乳鸽。实施并窝可以使没有乳鸽哺喂任务的亲鸽集中精力搞好下一窝生产，缩短产蛋间隔与繁殖周期，从而提高了种鸽群年产乳鸽的数量。另一种情况是人工孵化后由保姆鸽代育乳鸽，每对 3～4 只，可以大大提高鸽场的繁殖效率。佛山科技学院胡文娥等（2006）研究发现，并窝饲养时每窝 3 只的乳鸽增重与每窝 2 只仔鸽相似，而且在乳鸽生长速度相近的情况下，并窝组乳鸽平均耗料量较少，提高了饲料报酬。扬州大学动物科技学院王莹等（2013）研究发现，亲鸽哺育 4 只乳鸽比哺育 3 只乳鸽需要消耗更多的体力，乳鸽的每周平均体重差异不显著，对于母性良好的亲鸽，可以育雏 4 只，但不宜连续实施，避免种鸽过度疲劳。

[案例6]　连续并蛋、并窝引起种鸽疲劳

河南省许昌市某肉鸽养殖场技术人员为了提高本场乳鸽产量，在种鸽自然孵化、育雏时连续并蛋（每对亲鸽孵化4枚）、并窝（每对亲鸽育雏4只），虽然在短期内鸽场的产量得到了提升，但是在连续生产 1 年后，进入第二年5月份繁殖旺季后，发现种鸽的产蛋性能大幅度下降（产蛋周期延长），种蛋的受精率降到 80% 以下（正常在 90%～95%），而且亲鸽的育雏能力下降，乳鸽体重不达标率升高，与前一年相比，全场乳鸽产量大幅度下降。究其原因，笔者发现主要是由于前一年种鸽连续高负荷孵化、育雏，出现疲劳，体重减轻，体况下降所致。建议所有种鸽停止繁殖、下笼休整 2 个月，加强饲料营养供给，逐步恢复体况，2 个月后产蛋量逐步恢复，种蛋受精率恢复正常水平。

专家点评：

种鸽属于多年利用禽类，一次引种可以利用 5 年左右，切不可追求短期利益而使鸽群出现疲劳，长期并蛋、并窝会缩短种鸽利用年限，有的只能利用 2～3 年，甚至第二年就出现亏损。尤其是乳鸽并窝，建议每窝 3 只比较合适，并且不能长期让一对亲鸽连续并窝，否则会增加其负担，缩短种鸽利用年限。

（四）乳鸽人工哺喂技术

在肉鸽养殖过程中，养殖户总是希望每对亲鸽年产乳鸽数越多越好，由年产 6 对乳鸽提高到 8 对，甚至 10 对，而且要求乳鸽获得较快的增重，及早达到收购标准。但是单靠传统自然哺喂生产工艺与方法，即使管理水平很高，也难以达到此目的，而人工哺喂可以实现。

人工哺喂是指当乳鸽生长到 7～15 日龄后，将其从种鸽巢盆中捉出，放置于专门的人工哺喂车间，用人工的方法将哺喂饲料灌喂到乳鸽嗉囊，以达到乳鸽快速育肥的目的。乳鸽人工哺喂技术的应用，在很大程度上解决了乳鸽生长缓慢、种鸽产子数少的问题，大大提高了养鸽的经济效益。特别是人工哺喂与鸽蛋人工孵化技术的结合应用，使肉鸽养殖进入了一个全新的时代，可以大大提高亲鸽的生产性能，增加经济收入。

1. 人工哺喂的优点

（1）缩短肉鸽的繁殖周期　人工哺喂使乳鸽提前脱离了亲鸽的哺喂，降低了种鸽的体力消耗，让种鸽尽快恢复产蛋、孵化能力，提前进入下一产蛋周期，缩短了繁殖周期，提高了种鸽产量与综合效益。乳鸽 7～15 日龄时从巢盆中抓出，进行人工哺喂，这样全年可以多产乳鸽 2～3 对。

（2）提高了乳鸽的成活率和合格率　自然哺喂情况下，乳鸽到 28 日龄出栏须由亲鸽喂养，而一般在乳鸽 20 日龄后，亲鸽进入下一孵化期，无力照顾乳鸽，有的乳鸽发育迟缓，甚至还会被行为反常的亲鸽啄伤啄死，这些因素直接影响到乳鸽的后期成活率和生长速度。人工哺喂可以解决这个问题。

（3）**提高乳鸽上市体重**　乳鸽后期采用人工喂养，由于饲料适当粉碎，容易消化吸收，并提高了粗蛋白质、能量水平，定时定量饲喂，喂得饱，因此乳鸽生长速度较快，上市体重大，一般28日龄体重达到600克以上，提高了乳鸽的等级和销售价格。

（4）**屠体比较美观**　人工哺喂比自然哺喂乳鸽上市体重提高10%左右，改善了乳鸽肉质与含脂率，提高了乳鸽出售等级。乳鸽肌肉丰满，皮下有一定脂肪沉积，肤色好，屠体美观，适合传统烤制加工方法。

（5）**可以利用各种饲料资源**　自然哺喂乳鸽只吃亲鸽吐出的原粮，人工哺喂可以利用如豆粕、菜籽粕等蛋白质饲料，降低了饲料成本。而且可以添加微量元素、维生素等，不需要单独喂给保健砂，省工省时。综合计算，人工哺喂饲料成本比自然哺喂降低15%～20%。

2. 人工哺喂日龄的确定　乳鸽人工哺喂日龄太早则离巢乳鸽的消化功能差，成活率和生长速度下降；太晚则达不到缩短繁殖间隔、提高繁殖率的目的。甘肃农业大学养禽教研室的试验对比发现，15日龄的乳鸽开始进行人工哺喂，乳鸽的增重最佳，成活率最高。目前，乳鸽上市日期多为23～25日龄，需要人工育肥8～10天。生产中，有的鸽场在10日龄开始进行人工哺喂，若哺喂技能较好，营养搭配合理，也可提前在7日龄。7日龄以前人工哺喂成功率较低。

3. 哺喂用具　目前较多使用移动式吊桶灌喂器和软瓶灌喂器，具有操作简便，便于移动的优点，育肥效率较高。

（1）**哺喂软瓶及哺喂方法**　用软塑料奶瓶或者饮料瓶改造。将粉状配合饲料加等量温开水，调成糊状，然后装入瓶中，瓶口接橡胶软管。哺喂人员坐于木凳，将乳鸽放在大腿上，用左手食指和拇指将喙打开，右手将软管塞入乳鸽口腔食管中，然后挤压软瓶，将饲料挤入乳鸽嗉囊中。这种哺喂方法适合规模较小的饲养场，操作简单实用（图6-1）。

（2）**吊桶灌喂器** 属于专门的哺喂器械，由支架、料罐、软管和脚踏开关组成（图6-2）。单人即可操作，每小时可哺喂300～500只，适合规模化养鸽场。乳鸽养在哺喂床（育肥床）上，需要提高舍内温度到30℃左右。手握住乳鸽，右手掰开鸽嘴，对准灌喂器的出料口，右脚踩动开关，糊状料灌入乳鸽嗉囊。

（3）**哺喂床** 可制作成长200厘米、宽100厘米、四边高50厘米，笼脚高70厘米，网眼1厘米×1厘米的长方形镀锌网眼平面网床，中间用铁丝网隔开（图6-3），便于捉拿和辨认，也可避免雏鸽相互踩踏，还可在笼具上配备保温伞。

图6-1 软瓶哺喂

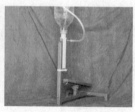
图6-2 乳鸽灌喂器

图6-3 乳鸽哺喂床

4. 哺喂饲料准备

（1）**饲料配方** 乳鸽早期需要采用高能量、高蛋白质水平的哺喂料。粉状饲料，含粗蛋白质22%，代谢能水平12.56兆焦／千克。广东省家禽研究所配方为：玉米40%，小麦20%，麦麸10%，豌豆20%，奶粉5%，酵母粉5%。另加入适量蛋氨基、赖氨酸、维生素、微量元素、食盐等。也可以用90%肉鸡雏鸡料，5%进口鱼粉，4%食用油，1%微量元素及维生素添加剂。在使用新配方时，必须试喂，证明适合本场乳鸽后方可全面饲喂。

（2）**粉碎与调制** 饲料粉碎粒度要小，有利于消化，而且细粉料配制成浆料后不易沉淀，方便使用。在实际使用中干粉料与水的比例，以1:2.2左右为宜。混合饲料的水温可以根据气温确定，浆料温度38℃左右接近乳鸽体温为宜。尽量避免混合后的浆料长时间放置，那样会增加浆料的黏度，使饲喂工具出料受阻，甚至影响正常使用。研究发现，如果在原粮饲料里添加 25% 的小麦粉，可以有效地防止浆料的沉淀。

5. 哺喂量 人工哺喂每天早、晚各 1 次，13 日龄以上乳鸽，平均每天每只喂 50～60 克（干粉料重量）。喂量也可以参照自然繁殖的同日龄乳鸽嗉囊鼓起程度来确定，喂料太多可能影响消化。如果发现有个别消化不好，可以少喂料多喂水，并轻轻将嗉囊内的料团揉碎。因人工哺喂料中水分含量高，一般不会出现缺水的情况，不需要再单独喂水。人工哺喂乳鸽粪便里水分较多，需要和腹泻区分。

6. 人工哺喂注意事项

（1）**哺喂技术** 乳鸽哺喂是难度较高的技术工作，需由专人负责。操作人员必须培训，先小批量试验，掌握补喂料的调制与哺喂方法。然后逐渐在鸽场全面铺开。具体哺喂方法为：用左手小指与无名指夹住乳鸽脖子，大拇指与食指夹住乳鸽的上喙，轻轻提起，中指拨动下喙将鸽嘴扳开。右手将料管插入乳鸽嗉囊内 4 厘米左右（注意压住乳鸽的舌头，防止舌头插入出料管）。踩动哺喂器踏板，将饲料注入鸽嗉囊内。插入深度太深会伤及嗉囊，太浅饲料不易进入嗉囊。

（2）**环境控制** 需设立专门的人工哺喂室，为乳鸽的健康成长提供合理的环境条件。哺喂室温度要保持在 25℃～28℃，温度过高，乳鸽发生喘息，影响消化吸收；环境温度过低，乳鸽皮肤发绀、颤抖，甚至出现冻死现象。哺喂室要保持清洁干燥和通风，减少呼吸道疾病的发生，保持安静，饲养密度合理。噪声和拥挤会使雏鸽相互挤压，造成伤残。蚊子是传播鸽痘的主要媒介，夏、秋季节可以安装纱窗或点上蚊香。

（3）**哺喂要点** 灌喂时，管道要深入乳鸽食管中，防止乳鸽饲料洒出来弄湿鸽体引起乳鸽受凉感冒，浪费饲料，插管时避免插入气管，以免损伤食管和嗉囊。哺喂量要根据乳鸽日龄灵活掌握，每次哺喂量应有所区别，一般是早、晚量多，中午量少。

（4）**慎用添加剂**　因为乳鸽生长迅速，对药物的吸收能力很强，所以对市场上的非乳鸽用成品饲料和各种药物添加剂要充分了解其成分，以防乳鸽中毒死亡或造成产品药物残留。在乳鸽人工哺喂饲料中适当添加营养性添加剂，如维生素、微量元素、氨基酸（赖氨酸、蛋氨酸）等，可以促进乳鸽生长发育，提高抵抗力，提高饲料转化率。

（5）**严格消毒**　乳鸽饲料在人工哺喂过程中与器具、空气、人员等接触，增加了污染风险，易造成病从口入。搞好哺喂环境和饲料的卫生消毒工作是保证人工哺喂成功的重要一环，每个哺育人员必须高度重视，减少操作环节的污染。

（五）乳鸽产品的营销

达到上市日龄的乳鸽要及时和种鸽隔离，上市出售。超过25～28日龄的乳鸽，体重会有所下降，肉质变差。目前，乳鸽销售方式有活鸽和白条鸽两种方式，要根据市场行情灵活掌握。

1. 活鸽销售　目前国内乳鸽的收购标准一般要求日龄25天以上，体重达500克以上，乳鸽经屠宰后去掉毛、血和内脏，白条重达400克以上。外观羽毛较丰满，无病、无残，胸肌饱满，用手指从背部向胸部抓过，拇指与中指的距离相差2～3厘米，这样的肥度才能达到标准。

广东市场上收购的乳鸽一般分为4级：一级要求体重650克以上，价格为每只13.5～15元；二级要求体重600～650克，收购价12.5～13.5元；三级要求体重500～600克，收购价11.5～12.5元；四级要求体重在400～500克，收购价为8～10元。收购的整批乳鸽体重要求不能相差太多，一、二级鸽应占80%以上，三级鸽占15%～18%。

2. 白条鸽销售　乳鸽的销售在国外大都经屠宰后再投放市场整只销售。近年来，我国各地大中城市对肉鸽的消费数量越来越大，特别是大的宾馆、酒店的乳鸽需求量日益增多，受城市活禽交易受限的影响，白条鸽成为进货的主要渠道。经冷藏的乳鸽胴体便于长途运输，可出口我国港澳或日本等地。在乳鸽的销售淡季，价格下跌时可以冷藏，待价格回升后再上市出售。冷冻后的乳鸽胴体皮肤颜色多显灰暗，而新鲜乳鸽皮肤呈灰白色或淡红色。若有冷藏仓库，可将冷藏温度降到 $-20℃ \sim -30℃$，快速冷冻，可以保留乳鸽的鲜美味道，适用于酒楼、宾馆和进出口公司仓库。受 2004 年禽流感和 2013 年 H7N9 流感的影响，全国乳鸽消费量锐减，活鸽价格落入冰点，河南省叶县天照肉鸽养殖专业合作社将合作社养殖户的乳鸽集中屠宰冷冻，在价格回暖后投放市场，轻松规避了突发事件对乳鸽市场的影响，取得了成功。

3. 深加工销售　乳鸽不仅肉质细腻鲜美，而且营养价值极高，蛋白质及能量含量均居肉食品之首，是一种高档营养品和滋补品。原粮饲喂方式使乳鸽更属绿色食品，销量日益增多。肉鸽养殖场为开拓乳鸽的销路，还可考虑与食品加工厂联合开发乳鸽深加工产品。我国的红烧乳鸽举世闻名，也可利用乳鸽的滋补作用制成乳鸽滋补罐头或乳鸽滋补口服液，以适应人们的多元化需求。

二、商品鸽蛋生产技术

（一）鸽蛋生产消费前景

随着肉鸽产业的不断发展，专门化的鸽蛋生产产业应运而生，而鸽蛋生产对于调节乳鸽上市数量、规避乳鸽市场风险具有重要作用。目前国内鸽蛋的消费市场主要集中在东南沿海经济发达省（市），浙江省温州市的需求量最大，当地及周边的蛋鸽生产悄然出现，如温州市平阳县有专门化的蛋鸽场，利用双母配对来提高鸽蛋的产量，已经取得了成功，并且获得国家发明专利。其他专利有肉鸽性别鉴定方法、鸽蛋保鲜技术、自动收蛋鸽笼等，取得了很好的经济效益。

（二）提高肉鸽产蛋量的措施

1. 选留高产种鸽和培育高产品系　在鸽蛋生产过程中，在收取鸽蛋阶段也要对每对种鸽做好生产记录，特别是产蛋记录。一般情况下，鸽蛋取走后，种鸽会在10天后产下一窝蛋，这样1个月可以产下2～3窝。如果产蛋间隔延长或长时间不产蛋，要找出原因，老龄种鸽及时淘汰。

2. 双母配对提高产蛋量　将2只母鸽放入同一笼中，来增加产蛋量。利用双母配对时鸽舍中不能全部是母鸽，必须有一定数量的正常配对的公母组合。具体做法是：每10对母鸽之间插入1对公母正常配对鸽，或者一层为繁育种鸽、一层为双母产蛋鸽，这样公鸽的叫声可以刺激母鸽性欲，保持双母配鸽持续产蛋。

3. 提高饲料营养水平　全价平衡日粮是保证鸽蛋产量和质量的物质基础。产蛋期可以适当增加豆类比例（玉米65%，豌豆20%，高粱10%，小麦5%），饮水中定期补充多种维生素和维生素E，保健砂营养全面。据报道，在保健砂或颗粒饲料中添加蛋氨酸（添加量按喂料量的0.1%）可以提高肉鸽产蛋量。

4. 及时收蛋　鸽子产下2枚蛋后开始抱窝孵化，产蛋生产时为了在种鸽产下2枚蛋后立即将鸽蛋取出，让鸽继续产蛋。取蛋时连巢窝一并取出，待6天后放回巢窝，产第二窝蛋。这样既阻止了抱窝，促使提早产蛋，又便于将巢窝清洗消毒。

（三）提高蛋壳品质

鸽蛋蛋壳较薄，在产蛋、收蛋、包装环节常常会造成破损，破蛋率明显升高。有的肉鸽养殖公司销售的包装鸽蛋破蛋率（破损或裂纹蛋）高达30%，严重影响鸽蛋的保质期和品质。造成鸽蛋破损的原因是多方面的，如包装不合理、运输不当和鸽蛋蛋壳品质不良。提高鸽蛋蛋壳品质是养鸽场必须做好的工作。

1. 合理配制保健砂　保健砂为鸽提供了钙、磷和其他微量元素，因此其配制和饲喂是提高鸽蛋蛋壳品质的关键。保健砂中钙、磷含量和比例要合适，并且提供优质钙源，如贝壳粉的效果优于石粉；种鸽摄入过多的钙，会使蛋壳钙化过度而掩盖正常的光泽。微量元素锌和锰也会影响到蛋壳的品质，鸽日粮中锌 50 毫克 / 千克，锰 55～60 毫克 / 千克时，蛋壳质量最佳。

2. 日粮中营养性添加剂的使用　合理的维生素、氨基酸供给，不仅影响产蛋率，同样会影响蛋壳品质。定期在饲料中添加鱼肝油，其中的维生素 A 可以维护输卵管上皮的完整性，维生素 D 可促进钙、磷的吸收利用，保证蛋品质；研究发现，维生素 C、维生素 K 也会影响蛋壳形成，缺乏 B 族维生素，蛋壳光泽度下降，注意补充；蛋氨酸、赖氨酸可以强化蛋壳膜，提高蛋壳的韧性。

3. 减少应激的发生　频繁转群、防疫和惊扰都会影响鸽子对营养物质的吸收和利用，产蛋时间延长，蛋在蛋壳腺中长时间滞留，会增加钙的沉积，使蛋壳颜色变得苍白无光。

4. 健康因素　鸽瘟、大肠杆菌病、巴氏杆菌病、沙门氏菌病等传染病会严重侵害生殖系统，除造成鸽群产蛋率锐减、蛋壳变薄、无壳蛋增多等为典型临床症状。

5. 做好巢盆垫料的管理　每天检查巢盆 1 次，发现巢盆中缺少垫料要及时补充，垫料被粪便严重污染的要及时更换，否则会造成商品鸽蛋污染，缩短保质期。

（四）冬季鸽蛋生产

冬季繁殖由于温度低、温差大、空气干燥等不利因素种鸽生产率极低，经常出现不抱窝、死胎蛋多、乳鸽生长缓慢并有零星死亡的现象，为了提高冬季经济效益，适合专门生产鸽蛋，不进行孵化繁殖。不仅解决了种鸽冬季孵化和哺育中的不利因素，而且冬季鸽蛋价格高，效益显著。

1. 冬季饲养 每天饲喂 2 次，早、晚各 1 次，平均每对种鸽每天耗料为 60～75 克。肉鸽在冬天饮水量相对较少，但必须保证全天供水，不可断水，可以在饮水中添加电解多维、红糖来提高能量，补充体力。

2. 调整保健砂 取蛋时期保健砂中可添加中药保健品，如增蛋散、增蛋灵等来促进卵泡发育，提高产蛋率。为了提高蛋壳品质、减少破损率、延长保质期，保健砂中钙、磷含量和比例要适当。原粮饲料中补充鱼肝油，对保持输卵管上皮完整性，提高产蛋率、蛋壳品质都有很好的作用。

3. 防寒保暖 入冬前要检查鸽舍，堵塞鸽舍墙壁上的裂缝和孔洞，不让肉鸽受寒风侵袭，并用塑料膜封严门窗，晚上要在窗外挂麻布帘，门上挂防风帘，这样可以提高舍内温度。冬季舍内的目标温度为 13℃～20℃，温度低于 5℃时，应增设取暖设施，防止鸽蛋冻裂或破损；补充光照，定期清理粪便，勤消毒勤观察。

4. 检查鸽蛋质量 每天及时检查鸽蛋质量，特别是蛋壳质量，破损率高时要查找原因，进行改善，以提高鸽蛋的商品率。鸽蛋收集后放入通风的塑料筐中，低温保存。鸽蛋的保质期较短，要尽快销售，或采取必要保鲜措施，延长保质期到 60 天以上。

（五）鸽蛋的包装与营销

1. 适合生产商品鸽蛋的时机 乳鸽是肉鸽生产的主要产品，而某些时期适合收取鸽蛋销售，往往收益更高。

（1）**鸽蛋销售旺季** 端午、中秋、元旦、春节等重大传统节日前是鸽蛋的销售旺季，售价比平时高出 30%～50%，市场供不应求。养鸽户要瞄准市场、瞅准时机，做好产品包装与营销，充分组织货源，扩大销量，增加收入。

（2）**乳鸽市场疲软时** 近年来，乳鸽市场整体行情看好，但有时候受供需关系、突发事件影响，价格也会出现不小波动。例如在 2013 年全年，受 H7N9 流感的影响，乳鸽价格一路下滑，甚至跌破了乳鸽的成本价。乳鸽价格低到一定程度，生产乳鸽越多，企业亏损越大，这时就应转变产品结构，转向鸽蛋生产，挽回经济损失。

（3）**冬季**　每年冬季，天寒地冻，鸽蛋的受精率、孵化率显著降低，乳鸽生产成本大幅度增加。这段时间正好是鸽蛋的销售旺季，可以取蛋销售。此外，冬季鸽蛋容易保存、保质期大大延长，价位较高。

2. 鸽蛋的包装

（1）**大包装箱**　适合收购商大批量发给一级经销商使用，可以减少包装与运输成本。常用大聚苯泡沫箱，最下层铺 3 厘米稻壳，一层鸽蛋平放，一层 2 厘米左右稻壳铺平，最上面铺 3 厘米厚稻壳，加盖，用胶带封口。此种方法占用空间小，适合大批量长途运输（图 6-4）。

（2）**小礼品包装**　为超市或专卖店使用，适合消费者购买，携带方便。用 4 厘米厚泡沫聚苯板按照鸽蛋的大小形状做成凹坑，然后将鸽蛋竖放在凹坑中，两块同样的泡沫聚苯板对合在一起，将鸽蛋夹在中间，然后放入纸质包装盒中。此包装鸽蛋独立，不会相互碰撞，大大减少了破损概率，适合长途运输（图 6-5）。此包装要求鸽蛋大小均匀，不适合刚开产的小蛋。还要求鸽蛋新鲜、干净、无破损，无沙皮蛋。

（3）**礼品筐包装**　此包装容量大，适合送礼或家庭消费采购。礼品筐包装适合在当地超市销售，不适合长途运输，因为在运输时鸽蛋之间碰撞容易造成破蛋或裂纹蛋。礼品筐包装的优点是干净卫生、直观，消费者可以从顶部看到鸽蛋。包装盒一般为竹筐，也可以是塑料筐，尽量不要用纸箱，因为用纸箱包装，消费者看不到鸽蛋品质，不容易购买。注意筐底要先铺上聚苯板，厚度 2 厘米，太薄容易变形。每个包装筐（箱）可以放鸽蛋 100 枚左右（图 6-6）。

图6-4　鸽蛋运输装箱　　图6-5　聚苯板夹层包装　　图6-6　礼品筐包装

3. 鸽蛋新鲜度指标

（1）**失重率**　指鸽蛋在贮藏前后的失重百分比。用精度为0.1克天平称重计算。失重率越低，蛋越新鲜。计算公式：

失重率（%）=（贮前重量-贮后重量）/贮前重量×100

（2）**蛋黄指数**　将被检测鸽蛋横向磕破蛋壳，使蛋内容物全部置于玻璃平面上，用蛋白高度测定仪测量蛋黄高度，用精度为0.02毫米的游标卡尺测量蛋黄直径，蛋黄高度与直径之比为蛋黄指数。蛋黄指数越高，蛋越新鲜。

（3）**哈夫单位**　先用精度为0.1克天平称出鸽蛋重量 W（克），再将鸽蛋打开放在玻璃平面上，用蛋白高度测定仪测量浓蛋白的高度 H（毫米），哈夫单位的计算公式为：

$$哈夫单位（H.U.）= 100 log（H - 1.7W^{0.37} + 7.57）$$

（4）**散黄率**　指散黄鸽蛋数占被检鸽蛋总数的百分比。将被检测鸽蛋横向磕破蛋壳，使蛋内容物全部置于玻璃平面上，记录散黄的鸽蛋数，按散黄鸽蛋数除以被检鸽蛋总数计算散黄率。

浙江大学动物科学学院于荟等（2011）研究发现，鸽蛋常温25℃贮藏期间的失重率、蛋黄指数、哈夫单位和散黄率测定结果见表6-3。鸽蛋在常温条件下贮藏，其蛋黄指数和哈夫单位随贮藏时间的延长而降低，失重率和散黄率随贮藏时间的延长而增高。贮藏28天的蛋黄指数和哈夫单位分别降低了21.95%和16.05%。

表6-3　鸽蛋常温贮藏期间各项指标的变化情况

指　标	贮藏时间（天）				
	0	7	14	21	28
失重率/%	0.00	1.45	2.98	5.13	8.16
蛋黄指数	0.41	0.35	0.32	0.32	0.32
哈夫单位	81.12	79.75	76.01	74.39	68.10
散黄率/%	0.00	25.00	37.50	50.00	75.00

4. 鸽蛋的保鲜　由于鸽蛋壳薄，蛋白质含量高，较难保鲜，易变质，不利于贮存销售。保鲜难已成为制约蛋鸽业发展的技术瓶颈。浙江大学专家团队在浙江省平阳县开展了鸽蛋消毒技术、涂膜技术和保鲜剂等方面的研究，最后形成清水清洗、充气消毒和低温贮存，以及真空包装为一体的简便、高效鸽蛋保鲜办法，并达到理想的保鲜效果。通过对鸽蛋失重率、哈夫单位、蛋黄指数和散黄率等指标的测定，发现该技术，使鸽蛋保鲜期可在原来基础上延长1倍，保鲜期可达60～70天。

浙江大学动物科学学院于荟等研究结论，温度是鸽蛋保鲜的第一要素，常温贮藏下保鲜期只有7天；适宜的低温贮藏可延缓蛋黄指数和哈夫单位的下降速度，减少失重，大幅度地延长鸽蛋保鲜期，$1^{\circ}C \sim 3^{\circ}C$冷藏条件下可保鲜40天；0.5克/米^{3}臭氧杀菌与冷藏结合可使鸽蛋的保鲜期延长到60天；采用清水清洗＋臭氧杀菌＋6%聚丙烯酸涂膜＋冷藏综合措施，可使鸽蛋保鲜期达70天。

［案例7］　双母配对提高产蛋量

随着市场对鸽蛋需求量的增加，专门化的蛋鸽产业应运而生。浙江省平阳县蛋鸽业在龙头企业带动下发展迅速，已成为富有特色的优势产业。但是，随着蛋鸽规模化养殖，产蛋率低、饲养效益不高等缺点逐渐凸显。针对这一情况，平阳县星亮鸽业有限公司引进技术和人才，开展产学研联合开发，针对蛋鸽自然配对产蛋率低的缺点进行蛋鸽"双母拼对"提高产蛋率的生产试验，经初试和中试，该技术已初获成功，并在全县推广，成效显著。此技术已突破了"双母拼对"不能持久产蛋的技术难题，产蛋量大幅提高，产蛋鸽月产蛋由4枚增加到8枚，年产蛋80枚以上，产蛋率提高45%，饲养成本下降23%。

星亮鸽业有限公司通过研究改进了可操作性强、可产业化生产的蛋鸽"双母拼对"高产技术，现已在生产中推广应用。其核心技术，一是种鸽生产性能的持续选育和标准化，扩大优良种鸽群体，为繁育后备种鸽提供优良种源。二是"双母拼对"高产技术的熟化，产蛋率提高近1倍左右。三是日粮配合技术、饲养管理技术、疫病综防技术的熟化。按照要求，合理制订泰平王鸽日粮配方，降低生产成本，提高饲料转化率。四是通过配套技术组装，制定和完善饲养管理规程、疫病免疫程序，最大限度地提高蛋鸽的各项生产性能，形成可大规模推广和产业化开发的集成技术。

（资料来源：浙江畜牧兽医，2009年4期）

专家点评：

市场需求是企业追求进步和技术突破的动力，"双母拼对"听起来不可思议，违背了肉鸽的自然繁殖规律，但在鸽群自然配对或人工配对中，双母配对的情况时有发生，短期内能够产下4枚蛋。而星亮鸽业有限公司的研究与生产实践已经将其变成了现实，目前已经在国内不少肉鸽生产企业应用推广。该项技术对于提高产蛋量是很好的尝试，双母配对后能否产蛋，关键是在鸽舍中要有正常配对的公母组合，如果全部都是母鸽，则很难长期产蛋。

第七章
肉鸽常见病防治

近年来，随着肉鸽业规模化、集约化的发展，种鸽引种流通频繁，因此要密切关注肉鸽疫病，避免造成大的损失。肉鸽疫病综合防控要从多方面入手，保证肉鸽养殖取得成功。根据《中华人民共和国动物防疫法》及其配套法规的要求，结合当地实际情况，有选择地进行免疫接种和药物预防。平时应加强饲养管理，建立严格的卫生、消毒制度，勤观察，及时发现群体中的异常个体，进行隔离或淘汰病鸽，保护大群健康。

一、鸽病综合防控措施

（一）隔离饲养

肉鸽养殖要尽量选择远离人员密集区，引种后先在隔离区隔离饲养，确认健康无病原携带后，方可进入正常饲养区。当肉鸽群出现疫病流行时，将疑似病鸽与健康鸽隔离饲养，避免疫情扩大。不同类型、不同阶段种鸽应分开饲养，成鸽机体抵抗力比较强，有时发病后不表现明显症状，如果成鸽和童鸽、青年鸽在同一圈舍或圈舍距离比较近，均可增加童鸽、青年鸽的发病风险。种鸽舍与后备鸽群舍的距离应有 50 米以上。

（二）卫生消毒

做好鸽场的卫生消毒工作，是有效减少病原微生物数量与浓度，防止疫病发生的重要措施。鸽场日常卫生消毒要程序化、制度化，并严格执行。肉鸽场常用的化学消毒药物有过氧化物类消毒剂、碘类消毒剂、碱类消毒剂、含氯消毒剂、醛类消毒剂、酚类消毒剂、季铵盐类消毒剂等。在使用化学消毒剂前，最好将鸽舍、饲养设备清洗干净，特别是含氯消毒剂、季铵盐类、过氧化合物类消毒剂受环境中有机物（家禽粪便）的影响较大，遇到有机物其杀菌作用显著下降。但醛类消毒剂、酚类消毒剂受有机物的影响相对比较小。注意拮抗物质对化学消毒剂会产生中和和干扰作用。如季铵盐类消毒剂的作用会被肥皂或阴离子洗涤剂所中和；酸碱度的变化可直接影响某些消毒剂的效果，如戊二醛在 pH 值由 3 升至 8 时，杀菌作用逐步增强，而次氯酸盐溶液刚好相反；季铵盐类化合物在碱性环境中杀菌作用增强。

1. 过氧化物类消毒剂　包括过氧化氢、过氧乙酸、二氧化氯和臭氧等。此类消毒剂作用强而快，可将细菌和病毒分解为无毒成分，在物品上无残余毒性。对细菌、病毒、芽胞、霉菌均有效。消毒效果不受温度影响。主要用于禽舍内环境消毒。

2. 季铵盐类消毒剂　为高效消毒剂，结构稳定，对有机物的穿透能力强。作用时间长，在一般环境中，保持有效消毒力 5～7 天，在污染环境中可保持 2～3 天。光、热、盐水、硬水、有机物对其消毒效果没有影响。无刺激、无残留、无毒副作用、无腐蚀性，对人、畜安全可靠。带鸽消毒和环境消毒均可。该类消毒剂对无囊膜的病毒杀灭效果不如对有囊膜的强，即对有些病毒的杀灭效果不理想。

3. 碱类消毒剂　为高效消毒剂，杀菌作用强而快，杀菌范围广，对细菌、病毒、芽胞、霉菌均有效，价格低廉。主要用于舍外环境消毒和空舍消毒。缺点是消毒效果受消毒剂的浓度影响较大，浓度越高消毒效果越好，但高浓度时有极强的腐蚀性，对铁质笼具腐蚀性强。

4. 碘消毒剂　杀菌力强，杀灭迅速，具有速杀性，主要起杀菌作用的是游离碘和次碘酸。可用于带鸽消毒和舍内环境消毒。缺点是对水量低，有效杀灭病原微生物和病毒的浓度较高，300 毫克 / 升作用 5 分钟才能将芽胞杀灭；杀灭病毒要 30 毫克 / 升的浓度。受温度、光线影响大，易挥发；在碱性环境中效力降低，消毒力受有机物影响；高浓度时有腐蚀性、有残留，吸收过多可造成甲状腺功能亢进。

5. 含氯消毒剂　对病毒、细菌均有良好杀灭作用；易溶解于水，有利于发挥灭菌作用；对芽胞杆菌有效。舍内环境消毒、饮水消毒均可。缺点是易受温度、酸碱度的影响，有机物的存在可降低有效氯的浓度，从而降低消毒效力；具有刺激性和腐蚀性。

6. 甲醛　熏蒸消毒首选，其挥发性气体可渗入缝隙，且分布均匀，减少消毒死角；具有极强的杀灭作用。主要用于空舍熏蒸消毒。缺点是刺激性强，有滞留性，不易散发，有毒性；消毒力受温度、湿度、有机物影响大；熏蒸时间长，要 12～24 小时才能达到消毒作用；易氧化，长期保存易沉淀、降效。

（三）免疫接种

免疫接种的特点是接种一种疫苗，只能预防一种传染病；接种疫苗后，需要一定的时间才能产生免疫力。肉鸽养殖场应根据肉鸽常见传染病和本场及周边地区鸽病流行情况，制定合理的免疫程序。免疫接种时操作上的失误，是造成免疫失败的常见原因之一。肉鸽常见免疫接种方法如下。

1. 饮水免疫　饮水免疫操作简单，可减少劳力和对鸽群的应激，适合散养童鸽和青年鸽弱毒苗的免疫。饮水免疫应用凉开水，水中不应含有任何消毒剂。自来水放置 2 天以上，待氯离子挥发完后才能应用，否则会杀死活疫苗。饮水中可加入 0.1%～0.3% 的脱脂奶粉，以保护疫苗的效价，提高免疫效果。为了使每一只鸽在短时间内能均匀地摄入足够量的疫苗，在供含疫苗的饮水之前2～4小时停止供应饮水，夏季气温高，断水时间短一些。稀释疫苗所用的水量应根据鸽的日龄及当时的室温来确定，使疫苗稀释液在1～2小时全部饮完。饮水器应充足，使鸽群2/3以上的鸽能同时饮水。饮水器不得置于直射阳光下，如风沙较大时，饮水器应全部放在室内，夏季天气炎热时，饮水免疫最好在早上完成。

2. 滴鼻点眼免疫　适用于弱毒苗，优点是可保证每只肉鸽都能得到接种且剂量一致。为确保免疫效果，滴鼻、点眼动作要慢，防止疫苗液外溢。应注意稀释液必须用蒸馏水、生理盐水或专用稀释液。稀释液的用量应准确，最好根据自己所用的滴管、滴瓶滴试，确定每毫升多少滴，然后再计算疫苗稀释液的实际用量。为使操作准确无误，应该一人抓鸽保定，一人免疫操作。在滴入疫苗之前，应把鸽的头颈摆成水平位置，一侧眼、鼻向上，另一只手指按住下面鼻孔。将疫苗液滴入眼和鼻后，稍停片刻，待疫苗液被吸入后再将鸽放开。

3. 肌内或皮下注射　适合进行灭活苗的免疫，如新城疫、禽流感灭火苗。肌内或皮下注射，免疫接种的剂量准确、效果确实，但耗费劳力较多，应激较大。连续注射器和针头在使用前均应蒸煮消毒。皮下注射的部位一般选在颈部背侧皮下，肌内注射部位一般选在胸肌处。在颈部皮下注射时，针头方向应向后向下，与颈部纵轴基本平行。针头插入深度为1～1.5厘米。胸部肌内注射时，针头方向应与胸骨大致平行，插入深度1～1.5厘米。

4. 翼膜刺种　翼膜刺种主要用于鸽痘疫苗的接种，一般每1 000羽份疫苗用25毫升生理盐水或专用稀释液稀释，用接种针或注射器蘸取稀释好的疫苗，在鸽翅膀内侧无血管的翼膜处刺种。做翼膜刺种时，一定要确保接种针蘸取疫苗稀释液，使每一只被接种鸽接种到足量的疫苗。

5. 肉鸽免疫程序　各生产场应根据本地区疫病流行情况制定

适合本场的免疫程序。目前，我国肉鸽养殖免疫接种主要预防鸽瘟（鸽Ⅰ型副黏病毒病）、鸽痘、禽流感等。肉鸽场参考免疫程序见表7-1。

表7-1　肉种鸽免疫程序

日　龄	疫苗名称	接种方法	用　量	备　注
7～20	新城疫Ⅳ系	滴鼻，每只1～2滴	5倍量，1000羽份疫苗供200只乳鸽	流行期
30	鸽Ⅰ型副黏病毒灭活苗	胸部肌内或颈部皮下注射	0.5毫升	留种鸽
5～6月龄	鸽Ⅰ型副黏病毒灭活苗	胸部肌内或颈部皮下注射	1毫升	留种鸽上笼前
30～60	禽流感油苗	胸部肌内或颈部皮下注射	0.5毫升	受威胁地区
30以上	鸽痘或鸽痘弱毒疫苗	翼膜皮下刺种	2倍量，生理盐水或专用稀释液	每年4月份进行

（四）预防用药

近年来，肉鸽细菌性疾病、寄生虫病时有发生，如鸽副伤寒、鸽大肠杆菌病、球虫病等。对于这类疾病应通过药物预防来控制，药物预防要科学合理，中草药的使用是肉鸽养殖发展的方向，减少肉蛋产品药物残留。肉鸽饲料一般为粒状原粮或颗粒饲料，饲料投药很难搅拌均匀，因此尽量饮水投药。对难溶于水或不溶于水的中草药，采用饲料或保健砂投药，如清热解毒的中草药。方法是：先用鱼肝油将饲料表面拌湿，添加药物搅拌，使其粘到饲料原粮表面；也可以用一定量的水将药溶解后用喷雾器均匀喷洒在颗粒饲料或原粮表面，保证所有肉鸽吃到足量的药物。饲料给药应注意：①药量计算精确；②药物必须均匀搅拌在饲料中；③现拌现喂，要在药料吃完后再饲喂正常饲料。

鸽对磺胺类药物的吸收较强，很容易发生中毒，需慎用。鸽体内胆碱酯酶相对缺乏，切勿使用有机磷类杀虫药。喂乳期亲鸽不能使用毒性较大及副反应强的药物，并且应严格控制给药剂量，防止药物通过鸽乳传递而引起乳鸽中毒。

[案例8] 免疫异常反应造成肉种鸽大批死亡

河南省荥阳市某肉鸽养殖户饲养肉种鸽1000对，2010年9月因接种鸽瘟蜂胶灭活苗出现大量死亡，接种3天后累计死亡900多只，损失5万多元。经过笔者调查发现，接种用疫苗为郑州市一疫苗经销商提供，为合法疫苗，前期已经使用过多批次，均正常。分析认为，造成肉种鸽大量死亡的原因主要是此批次灭活苗接种反应强烈，处理不当造成。

专家点评：

在家禽免疫实践中，由于疫苗接种反应而出现禽群大量死亡现象时有发生，应引起养殖场的高度重视。因为同一厂家不同批次的疫苗虽然生产工艺相同，但由于种种原因（如环境温度、病毒分离、人为因素）会出现某一批次接种反应强烈。免疫异常反应，是指合格的疫苗在实施规范接种过程中或者实施规范接种后造成受种者机体组织器官、功能损害，相关各方均无过错的药品不良反应。有时接种人员接种方法不当也可能造成较大的免疫反应，但不属于异常反应。例如，颈部皮下注射时，注射到颈部肌肉内，引起鸽缩颈、精神不振等；如注射部位靠近头部，易引起肿头；胸部肌内注射时，针头太长，垂直刺入内脏；腿部肌内注射时，刺伤腿部的血管、神经，易引起瘫痪。

避免免疫异常反应最好的方法是小范围先试用、试打，检验疫苗、人员接种方法是否合适、有效，接种1～2天后无异常反应，再大群推广。一定要注意，同一厂家的不同批次疫苗要分别试用，不用以前的使用经验来判断有无免疫反应。

二、肉鸽常见传染病

（一）鸽　瘟

鸽瘟又名鸽新城疫，也称鸽 I 型副黏病毒病，是一种高度接触性、败血性传染病。该病的特征是病鸽下痢、震颤、单侧或双侧性腿麻痹，慢性及流行后期的病例有扭头、歪颈等神经症状。该病传播迅速、发病率高、死亡率高。近年来，通过合理免疫接种此病得到了很好的控制。

【病　原】　鸽瘟病原为鸽 I 型副黏病毒，在分类上属于副黏病毒科，副黏病毒属。成熟病毒粒子具有囊膜，对热抵抗力较强，60℃经 30 分钟，55℃经 45 分钟死亡，37℃可存活 7～9 天。病毒对酸、碱抵抗力强，对化学消毒剂的抵抗力不强，一般消毒剂如氢氧化钠、甲醛、漂白粉、百毒杀等，5～20 分钟可将其杀灭。感染途径多样，可以通过消化道，呼吸道，眼结膜，创伤和泌尿生殖道传播。

【流行特点】　该病发病迅速，可以感染各年龄阶段的肉鸽，其中 1～3 月龄最易感，感染后症状最明显，发病率高。根据病毒毒力的不同，死亡率 30%～100%。成年鸽感染后，呈慢性经过，无明显的死亡高峰，最后因采食困难，消瘦衰竭死亡。1 月龄以下乳鸽可以从鸽乳中获得母源抗体，对本病具有一定的抵抗力，呈零星死亡。该病一年四季均可发病，初冬和初春气候寒冷多变，容易造成大流行。

【临床症状】　肉鸽感染病毒后，通常 1～5 天就表现症状。发病初期表现精神不振，缩头闭目，羽毛蓬松，不愿活动，食欲减退，体温升高至 43℃。病鸽眼睛下陷，脚趾干瘪，出现一侧翅或双侧翅下垂，腿脚麻痹。排黄绿色水样粪便，肛门周围粘有粪污。幼龄鸽感染 3～5 天后出现大批死亡，成年鸽感染后有部分耐过，会表现神经症状，包括阵发性痉挛，头颈扭曲、颤抖和头颈角弓反张等，出现率 5%～10%，受到惊吓或刺激，神经症状表现更为明显，影响正常的采食饮水，表现消瘦、脱水。

【病理剖检】　急性死亡病鸽，剖解病理特征明显，全身败血症。表现颈部皮下广泛性出血，呈紫红色；嗉囊内充满酸臭的米汤样液体；咽部黏膜充血，偶有出血；腺胃乳头出血，肌胃角质层下出血斑；肠道黏膜广泛性出血，盲肠扁桃体出血；脑水肿，脑血管局部出血。繁殖期母鸽卵巢出血、卵黄变性，呈污绿色。慢性死亡者消瘦脱水，皮肤较难剥离，消化道内容物减少，肠道出血严重。一般合并有其他细菌、霉菌感染，如大肠杆菌、曲霉菌等。

【诊断要点】　一般根据发病流行情况、外观症状和病理剖解特征，做出初步判断。如发病迅速，幼鸽发病率、死亡率高；排黄绿色稀便，扭头歪颈等神经症状明显；应用抗生素和抗菌类药物治疗无效；剖解胃肠道黏膜出血明显，腺胃乳头出血，颈部皮下广泛性出血等。以上这些均具有诊断价值。进一步确诊需要做血清学试验（HI 试验）和病原的分离鉴定。

【预防措施】　鸽瘟为肉鸽常见传染病之一，平时应执行严格的隔离饲养制度，切断病原的传播途径。种鸽场要远离其他禽场，鸽场四周最好有生物隔离带，如耕地、水面、树林、沟壑等。场区大门设消毒池，对进入场区的车辆、人员严格消毒。生产区与办公区分开设置，大型肉鸽场生产区中不同阶段的肉鸽应分开饲养，童鸽对鸽瘟最易感，要避免和成年鸽接触。不从疫区引种。新引入的种鸽应隔离观察至少 1 个月，确定健康后才能混入大群。准备留种的鸽子，从乳鸽阶段开始接种鸽瘟疫苗。种鸽每年春季和秋季各注射 1 次灭活油苗，同时用弱毒苗滴鼻点眼免疫。

【发病处理】　鸽舍中如发现疑似病鸽，立即隔离饲养。发病后使用抗病毒中草药有一定的效果，如清瘟败毒散，0.5% 拌料，连用 3～5 天；银翘解毒片，1 次 1 片，1 天 2 次，连用 3～5 天；金银花、板蓝根、大青叶各 20 克，煎水灌服，每只鸽每次 5 毫升；黄芩 100 克，桔梗 70 克，半夏 70 克，桑白皮 80 克，枇杷叶 80 克，陈皮 30 克，甘草 30 克，薄荷 3 克，煎水，供 100 只鸽饮用，每天 1 剂，连用 3 天。用药后 1 周，接种新城疫弱毒苗和灭活苗。

（二）鸽 痘

鸽痘是由痘病毒引起的鸽皮肤或黏膜发生痘疹为特征的急性高度接触性传染病。本病呈世界性分布，通过蚊虫叮咬传播，在肉鸽养殖中时有发生。典型特征为鸽体表皮肤（喙、脚明显）产生痘疹，有的病例在鸽口腔和喉部形成干酪样沉积物。

【病　原】 分类上属于痘病毒科，禽痘病毒属。禽痘病毒是以鸟类为宿主的痘病毒的总称。目前研究认为，禽痘病毒中包括鸡、火鸡、鸽、金丝雀、鹌鹑、灯心草雀、欧惊鸟痘病毒。该病毒大量存在于病禽的皮肤和黏膜病灶中，对外界的抵抗力很强，在脱落的干燥痂皮中可存活数月，60℃加热 1.5 小时才能杀死，-15℃下保存多年仍然有致病性。但对消毒剂较敏感，1% 氢氧化钠、1% 醋酸可在 5～10 分钟杀死病毒，甲醛熏蒸 1.5 小时也可杀灭病毒。在腐败环境中，病毒很快死亡。

【流行特点】 病禽脱落和散布的痘痂碎屑是主要的传染源，因为本病主要通过蚊子和其他吸血昆虫叮咬传播，因此在温暖潮湿的季节是本病的多发季节（每年 7～10 月份）。病毒经皮肤和黏膜的伤口感染，当消化道或呼吸道发生其他病原感染时，偶尔可以继发禽痘。此外，也需重视人员、物品和车辆等对病原的传播。幼鸽较成年鸽多发，且死亡率高。成年鸽发病、死亡率较低。

【临床症状与病理变化】

皮肤型：初期不易觉察，皮肤上出现水痘或结节，在眼周、喙、脚等皮肤裸露部位可见，初为灰白色，继而呈血红色小疱，约 10 天后破溃，1～2 周后干结成棕褐色痘痂。

咽喉型：咽喉上有黄白色小斑或溃疡沉积物，臭而不易剥离，鸽因咽喉沉积物堵塞，常窒息或饥饿死亡。

混合型：既有皮肤型又有咽喉型，常窒息而死。

【预　防】本病主要通过蚊虫叮咬传播，因此消灭蚊虫可以很好预防该病的发生。鸽舍周围要清理干净，特别是不能有蚊虫繁殖的静止水面。用灭害灵（氯菊酯、胺菊酯）或其他杀虫剂灭虫。河南省叶县天照肉鸽养殖合作社的做法是在鸽舍点蚊香，取得了很好的效果。南方可在鸽舍上风侧种植驱蚊草（夜来香）来减少蚊子的侵袭。本病引起的是一过性感染，病鸽耐过后可以获得坚强免疫。疫区可以通过免疫接种来预防，常用疫苗为鸽痘弱毒疫苗或鸽痘弱毒疫苗，于每年 4 月接种 1 次，方法为翅下翼膜刺种，接种后 10～14 天产生坚强的免疫力。

【治　疗】本病目前尚无特效药可用，补充多种维生素，促进伤口愈合，提高机体抵抗力，促进痘痂干燥、萎缩和脱落。皮肤型痘疹一般不需治疗，可用镊子小心剥离，伤口用碘酊消毒；口腔、咽喉黏膜上的伪膜如影响采食和呼吸，可用镊子小心剥离，然后用碘甘油消毒。或用烧红的小烙铁除掉痘疹，患部涂碘甘油、红汞或紫药水。眼部肿胀的病鸽，可挤出里面的干酪样物，用 2% 硼酸溶液冲洗干净。

国内张久惠（2013）报道，用中药制剂治疗鸽痘，取得很好的疗效，方法是选用银翘散加减：金银花 60 克，连翘 45 克，石膏 20 克，天花粉 20 克，板蓝根 20 克，桔梗 25 克，荆芥 30 克，淡竹叶 20 克、薄荷 30 克、牛蒡子 45 克、芦根 30 克、甘草 20 克（此为 200 只肉鸽 1 天的用药量）。将上述中药加工成细粉，均匀拌入饲料内，分上、下午集中喂服。不好拌入时，可把上述中药水煎 3 次，混合后，加适量水，让鸽自由饮用，连续用药 5 天。

（三）禽流感

禽流感是由禽流感病毒引起的一种禽类传染病，鸡、水禽、肉鸽和鹌鹑等家禽均可感染，发病情况差别较大，有的出现急性死亡，有的无症状带毒。水禽是禽流感病毒的自然宿主，几乎所有亚型的流感病毒都可以在水禽中分离到。

【病　原】　禽流感病毒属于正黏病毒科 A 型流感病毒，根据病毒的血凝素（HA）和神经氨酸酶（NA）的抗原性不同，可将其分为不同的亚型，目前在我国家禽中主要流行 H5N1 亚型高致病性禽流感及 H9N2 亚型低致病性禽流感。H5N1 亚型禽流感在国内流行的同时，也在不断进行着基因演化，因此疫苗也需要不断更新。病毒存在于病禽所有组织、体液、分泌物和排泄物中。本病毒对紫外线敏感，直射阳光下 40～48 小时即可将其灭活。56℃加热 30 分钟，60℃加热 10 分钟可使病毒失活，常用的消毒剂均可杀死病毒。病毒在粪便中可存活数周，在冷冻的禽肉和骨髓中可存活 10 个月。

【流行特点】　各日龄鸽都易感，但以乳鸽最为敏感，其次是童鸽或青年鸽。每年从秋末到初春较为流行，主要经消化道直接接触传染，但经空气传播通过呼吸道的感染危害性更大，发病更快。饲养用具、运输工具、饲养人员等都能成为传播媒介。昆虫、野鸟、鼠等出入鸽舍的动物也都是本病的传播者。另外，气候突变、鸽舍寒冷、饲养密度高也是本病发生的诱因。

【临床症状】　因感染毒株的毒力及鸽的年龄等因素而不尽相同，感染 H9 亚型禽流感病毒时，一般无明显症状，种鸽孵化率略有降低，乳鸽早期死亡稍上升。在感染高致病力的 H5 亚型禽流感病毒时，出现乳鸽死亡增多，最早死于 3～5 日龄。其临床表现为：病鸽精神委顿，缩颈嗜睡，食欲减退，逐渐消瘦，排黄绿色带黏液稀粪，采食量下降或完全废绝，最后衰竭死亡，鼻腔分泌物增多，呼吸急促，眼肿胀、流泪，眼睑被浆液性分泌物黏着。

【病理剖检】　感染 H9 亚型禽流感病毒时，母鸽输卵管充血、水肿，但气管、支气管和肺均无明显病变。感染 H5 亚型高致病力禽流感病毒后，死亡的乳鸽及种鸽的肌胃角质膜下、十二指肠黏膜均有明显的出血斑点，胰腺水肿并有黄白坏死点，肝肿大呈暗红色，有时气管、支气管和肺充血出血，有的还可见泄殖腔充血、出血、坏死。

【防治措施】 目前对禽流感尚无特效的防治药物，要采取综合性预防措施。鸽场应有良好的隔离条件，注意不与野鸟、家禽接触，严格执行鸽场卫生消毒制度。禽流感疫苗对于我国禽流感的防控起着至关重要的作用，由于禽流感灭活疫苗的安全性高，生产方法成熟，所以近些年来在养禽业中使用的绝大部分为灭活疫苗。我国主要使用重组禽流感病毒油乳佐剂灭活疫苗预防高致病性 H5N1 禽流感，随着 H5N1 病毒的不断变异，抗原性存在明显差异的突变株也不断出现，所以疫苗株也不断地更新，目前主要使用的是 Re-6 和 Re-7 系列及其联苗。在 14 日龄时进行第一次接种，以后每隔 3 个月接种 1 次，每只每次 0.3～0.5 毫升，肌内或皮下注射。

（四）鸽衣原体病

禽衣原体病又称鸟疫、鹦鹉热，是由鹦鹉热衣原体引起的多种禽类感染发病的一种人畜共患传染病，世界性分布。肉鸽发病以结膜炎，排硫磺样稀粪，肝、脾肿大，纤维素性心包炎，气囊炎，肝周炎和浆膜炎为特征。

【病　原】 鹦鹉热衣原体属衣原体科衣原体属，是一种严格的细胞内寄生微生物，能在肝、脾、骨髓的细胞内繁殖并破坏这些组织器官。它具有细胞壁，构造和组成与革兰氏阴性细菌相似。衣原体对高温的抵抗力不强，在低温环境中可存活较长时间。70% 酒精、3% 过氧化氢能很快将起灭活。它对抗生素敏感，青霉素、四环素、红霉素等对衣原体均有效。

【流行特点】 肉鸽、鹌鹑、火鸡、鹦鹉、雉鸡、鸡、鸭等多种禽鸟和动物都能感染发病。病禽和隐性感染禽是本病的主要传染源，病禽通过呼吸道和消化道排出病原。主要通过呼吸道感染发病，也可通过直接接触、交配和经卵传播，羽螨、虱是本病重要的传播媒介。在鸽群中如有 1 只鸽感染，很快传播全群，发病率较高，但死亡率较低。

【临床症状】 鹦鹉衣原体引起禽类发病的症状呈现多样化，常常受到禽只的营养状况、免疫力、病原株和有无继发或并发感染的影响。病鸽表现精神委顿，羽毛松乱，食欲不振，腹泻，排出灰白色或浅绿色水样稀粪，肛门附近的羽毛常被粪便污染，鸽体消瘦，胸肌萎缩不能起飞。成年鸽的症状一般较轻，且可自愈，典型症状可见一侧或双侧眼结膜发炎。眼睑增厚眼睛内流出大量水样分泌物，以后则变为黏稠的、脓性分泌物。鼻孔内病初流出水样分泌物，后期变成黄色黏性分泌物；呼吸时发出"咯咯"声音。急性者常突然死亡，少数病鸽出现神经症状。

【病理剖检】病鸽眼结膜增厚，有黏性分泌物。鼻腔和气管中有大量黄色黏性分泌物。气囊壁增厚，有纤维素性渗出物。病死鸽肝及脾明显肿大，有的肿大 3～4 倍，质地变软，局部充血。肝组织表现有芝麻、绿豆大的淡黄色坏死灶。气囊混浊增厚，个别呈干酪样变；心脏肥大，心包增厚、充血和出血，外膜被覆纤维素性分泌物；少数病鸽有纤维素性肺炎、肠卡他等改变。胸、腹腔和内脏浆膜被覆纤维素性物炎症，其表面常有纤维素性渗出物覆盖。

【诊　断】根据鸽群反复出现的单侧性眼结膜炎，呼吸困难和肝、脾肿大等可做出初步诊断。由于本病并无特异的症状和病变确诊需送相关单位或技术部门进行。

【预　防】目前没有有效的疫苗用于本病的免疫接种，预防该病要从加强日常的饲养管理，做好隔离消毒，杜绝传染来源，不引进血清学检查阳性的种鸽，定期进行检查及预防性投药，加强饲养管理，保持舍内卫生，要清洁干燥，避免应激性刺激。鸽舍用具应保持清洁并定期用烧碱或石灰乳彻底消毒，驱杀体外寄生虫。鸽舍内保持适当的湿度，避免病原随尘埃传播。发现鸽患本病应及时封锁，隔离治疗，病死鸽深埋，以防扩大传染。因为该病为人畜共患病，应做好人的防护工作，以防互相感染。据调查，部分禽用活疫苗污染鹦鹉热嗜衣原体，此传染源不容忽视。

【治　疗】可用土霉素肌内注射或口服，每只 5 万～8 万单位，每天用药 1 次，连用 5 天。群发时，大群用金霉素、四环素、土霉素拌料，每个疗程5天，连用2个疗程，中间停药2天。若混合感染支原体病时，可用泰乐菌素0.8克/升水，连续饮水3天。

（五）鸽沙门氏菌病

鸽沙门氏菌病也称鸽副伤寒，是沙门氏菌引起的一种急性或慢性传染病。症状主要表现为发热、下痢、关节炎和运动神经功能障碍为特征。可导致30日龄以下乳鸽发病大量死亡，成年鸽呈慢性或隐性感染，对种鸽的繁殖性能和成鸽的生长发育都有很大的影响。

【病　原】鸽副伤寒由鼠伤寒沙门氏菌哥本哈根变种引起，带鞭毛能运动，为革兰氏阴性杆菌菌。对一般的消毒药敏感，60℃、5分钟可杀死禽肉中的病菌。

【流行特点】每年夏秋多发，垂直传播是重要传播途径，带菌卵孵化时，胚胎可能死亡，也可能孵出病雏。消化道也是重要的传播途径，通过污染饲料、饮水、用具等而造成传播。此外，还可通过呼吸道、眼结膜和损伤的皮肤感染。多数发生在成年前，童鸽发病率高，死亡率也较高。病鸽治愈后会成为永久带菌者，粪便中持续排出病原菌危害鸽群。带菌的老鼠也能成为重要的传染源。潜伏期12小时或稍长。

【临床症状】幼鸽呈急性败血经过，随发病年龄的增大，病状也趋向缓和。潜伏期12～18小时或稍长。病鸽体温升高，精神委顿，羽毛蓬乱，缩头缩颈或呈昏睡状，食欲减退或废绝，拉黄绿色或灰白色稀粪，4～6天后出现一侧脚吊起，独脚站立和跳跃走路，当器官严重受损时，病鸽精神沉郁，呼吸困难，机体衰弱以至死亡。

【病理剖检】死鸽日鼻黏液增多，泄殖腔周围羽毛有绿色或灰白色稀粪。病原在体内形成菌血症后常侵入体内各个器官，特别是肝、脾、肾、心和胰脏，全部或部分脏器出现针头至粟粒大、油污状的灰黄色结节，以肝脾的结节较明显，并有肿大，肝呈深浅不等的古铜色，表面所有大小不一的灰白色坏死灶。运动障碍病例切开关节囊可以见到淡黄色炎症渗出物，脓液或干酪物，关节面粗糙粘连。雄鸽可能有单侧性睾丸炎，炎症一侧肿大至数倍，或见点状坏死灶。

【预　防】　加强饲养管理，定期对鸽舍进行清扫、消毒，对鸽群进行检查检疫，选用健康种鸽后代留种。若场内已被污染或已有本病存在，应定期进行预防性投药，同时注意饲料卫生。肉种鸽由于是多年繁殖，同时又是亲鸽哺喂，沙门氏菌感染率在临床上多于鸡，阳性率可达 20%～30%。因此，肉鸽育种场一定要同时考虑沙门氏菌净化问题，即使无法实施净化，也应保证核心群阳性率有所降低，否则会因沙门氏菌病影响育种效果。

【治　疗】　发现病鸽要及时隔离、确诊和治疗，防止扩散。可选用磺胺类药物、恩诺沙星、庆大霉素、卡那霉素、氟苯尼考、金霉素、土霉素等多种抗生素或中药制剂交替使用进行防治。规模化养殖肉鸽场对场内病原菌进行分离鉴定、药敏试验后选取高敏药物进行定期预防和对症治疗。补充多种维生素、电解质等，调理肠胃，促进食欲，加速健康恢复。此外，可选用穿心莲、大蒜等中草药及制剂。

（六）鸽大肠杆菌病

鸽大肠杆菌病是由条件致病性大肠杆菌引起的一种细菌性传染病，主要是由于饲养管理、环境卫生条件差、病毒病感染后继发或混合感染而发生。该病是造成幼鸽死亡的重要病因之一。

【病　原】　为致病性埃希大肠杆菌，革兰氏染色呈阴性，菌体较大，呈长杆状，有多种血清型，易产生耐药性。大肠杆菌病是一种常发病，但该病难于控制，这是因为大肠杆菌血清型多，各血清型间无交叉保护性，而且不同血清型及不同地区的大肠杆菌对药物敏感性也各不一致。

【流行特点】　各种年龄段鸽均可感染，其中以乳鸽和童鸽发病较为严重，可引起大量死亡。成鸽多为散发和零星死亡。感染途径多见于呼吸道，其次是消化道，也可通过蛋传递途径感染后代。本病无明显的季节性，饲料管理不善，卫生状况不良，气候突变，营养失衡以及其他应激因素都可诱发本病。

【临床症状】 本病的潜伏期约数小时至 3 天，病鸽表现精神沉郁、食欲不振、羽毛松乱、眼睛流泪、呼吸困难、排黄色或黄绿色粪便，全身衰竭最急性的病例突然死亡。

【病理剖检】 打开胸、腹腔可见气囊壁混浊、增厚，有黄白色干酪样分泌物附着；心包膜增厚，附着有大量分泌物，心包膜和胸腔粘连；心包内积有多量的淡黄色胶冻样物，部分病鸽在心脏表面可见到灰白色高粱米粒大的突起（肉芽肿）；肝肿大，表面有淡黄色纤维蛋白膜附着；腹腔内有许多纤维素性分泌物，肠系膜粘连。脏肿大、充血、有坏死点，肠管积液，肾苍黄、肿大。

【诊　断】 根据发病情况、临床症状和病理变化可做出初步诊断，确诊必须进行病原菌的分离、鉴定，必要时可进行血清学鉴定。

【防　治】 预防方面，加强饲养管理，鸽舍及环境均需定期消毒，特别是饮水器和料槽的清洁。提供充足平衡的营养，尽量减少各种应激因素。控制鸽群的饲养密度，防止过分拥挤。保持空气流通、新鲜，防止有害气体的危害。

发病后及时隔离发病鸽，治疗或淘汰。有条件进行药敏试验，挑选敏感药物进行治疗，如丁胺卡那霉素、庆大霉素、环丙沙星、链霉素、新霉素等。盐酸环丙沙星，按 0.01%～0.02% 拌料，连用 5～7 天；庆大霉素，按 0.03%～0.04% 浓度饮水，连用 5 天。重症建议用庆大霉素肌内注射：每只每次 5 000～8 000 单位 / 千克体重，1 次 / 天，连用 3 天。

彭子旺（2011）报道，用中药方剂配合西药治疗大肠杆菌病取得很好疗效。取黄连 40 克，黄芩 30 克，栀子 20 克，当归 30 克，赤芍 20 克，地榆炭 15 克，牡丹皮 15 克，木通 15 克，知母 2 克，肉桂 15 克，甘草 30 克，粉碎成末，每只鸽 1～2 克，并配合环丙沙星使用，每天拌料 1 次，连用 4 天后治愈。

（七）鸽霍乱

鸽霍乱又称巴氏杆菌病或鸽出血性败血症，是由多杀性巴氏杆菌引起的家鸽和野鸽的一种急性、接触性传染病。临床以出血性败血症并伴有下痢为特征。

【病　原】　为多杀性巴氏杆菌，本菌是革兰氏阴性、无鞭毛、不运动、不形成芽胞的卵圆形短小杆菌，少数近似球形。巴氏杆菌对各种理化因素和消毒药的抵抗力不强。在直射阳光和干燥条件下，很快死亡。对热敏感，加热56℃、15分钟，60℃、10分钟可被杀死，室温下可长期存活。巴氏杆菌在粪便中可存活1个月，尸体中可存活1～3个月。对酸、碱及常用的消毒药很敏感，5%～10%生石灰水、1%漂白粉、1%烧碱、3%～5%石炭酸、3%来苏儿、0.1%过氧乙酸和70%酒精等均可在短时间内将其杀死。

【流行特点】　所有的鸽都可发生，但以童鸽和成年（产）鸽为多见，参赛的信鸽、密度较大的群养鸽及远途运输的鸽也容易暴发此病。通过病鸽排泄物污染饲料、水和笼具以及与病鸽接触，使健康鸽受到感染，带菌的动物和外来人员也可成为本病的传播媒介。

【临床症状】　本病潜伏期2～9天。分为最急性型、急性型及慢性型。

最急性型：临床可不见任何症状，鸽子突然倒地死亡。死前多数是骤然乱跳，拍翼挣扎等动作，这样的病列一般是肥壮高产的鸽中和流行前出现的。

急性型：病程1～2天，常见的症状有发热、厌食、精神不振、羽毛粗乱、口渴、嗜睡、鼻瘤无光、张口呼吸、呼吸急促、口流黏液，同时可见病鸽腹泻，排灰黄色或带绿色、白、灰褐色的恶臭粪便。从原发急性败血期幸存下来者，可转为慢性或康复。

慢性型：度过急性败血期不死的可能转为慢性型，多见于流行后期，由急性转化而来，亦可由于低毒力菌株感染所致。症状多呈现为局部感染，如关节肿胀、跛行，飞行障碍、鼻窦、翅关节、足等处常发生肿胀。眼结膜、咽喉部及鼻腔黏液渗出。慢性病鸽可拖延几周后死亡，或长期保持感染状态，或康复痊愈。病程比较长，都在 1 个月以上。

【病理剖检】 病死鸽肌肉、血液暗褐色，在皮下、心冠脂肪、心外膜及腹膜等有针尖大出血点；肝肿大，表面弥漫散布针尖大、黄白色坏死点；十二指肠有出血性内容物。

【诊　断】 根据发病种鸽的临床症状、剖检病理变化可初步诊断，确诊需要进行实验室检验。细菌分离培养，涂片镜检。

【防　治】 鸽霍乱是肉鸽的主要传染病之一，在气候多变、酷热的季节容易发生，养鸽户应注意鸽舍的通风和卫生，必要时定期预防性用药，大暑天显得尤为重要，减轻种鸽的热应激。平时要加强鸽舍卫生的管理，勤消毒。防止其他鸟类进入。禁止外来人员参观。

霍乱疫苗的免疫效果不够理想。但在鸽霍乱常发或流行严重的地区，可以考虑接种疫苗进行预防。目前国内使用的疫苗有弱毒疫苗和灭活疫苗两种，弱毒疫苗有禽霍乱 731 弱毒疫苗、禽霍乱 G190E40 弱毒疫苗等，免疫期为 3～3.5 个月。灭活疫苗有禽霍乱氢氧化铝疫苗、禽霍乱油乳剂灭活疫苗、禽霍乱蜂胶灭活疫苗、禽霍乱荚膜亚单位疫苗等，免疫期为 3～6 个月。

青霉素、链霉素、土霉素、四环素、金霉素、磺胺类药物和喹诺酮类抗菌药对本病均有较好的治疗效果。但巴氏杆菌在实际生产存在一定的耐药性，因此最好根据药敏试验结果选用敏感的抗菌药物进行治疗，可收到良好的防治效果。在治疗病禽的同时，对禽舍、饲养环境和饲养管理用具，应彻底消毒或冲洗干净；粪便及时清除，堆积发酵沤熟后利用。将病死禽全部烧毁或深埋。如果发病数量较多，在防止病菌扩散的条件下，全部病禽进行急宰处理，肉经加工后利用，内脏、羽毛、污物等深埋。发病群中尚未发病的家禽，可在饲料中拌喂抗生素或磺胺类药物，以控制发病。黄爱芳等（2009）报道，2% 环丙沙星预混剂，每 100 千克饲料拌入预混剂 350 克，连用 2～3 天，隔 1 周应再用 1 个疗程，取得很好的疗效。

（八）曲霉菌病

鸽曲霉菌病是由烟曲霉菌所致的霉菌性疾病，特别是常引起幼鸽急性爆发，发病率和死亡率均较高；成鸽常表现为呼吸道症状。本病的主要特征是肺和气囊发生炎症和有小结节的形成。

【病　原】病原体是烟曲霉和黄曲霉。曲霉菌是一种有菌丝形成的真菌，分布相当广泛，各种环境中都可发现。根据发病部位不同，分别称为肺曲霉菌病、眼曲霉菌病、脑曲霉菌病、皮肤曲霉菌病。然而肺曲霉菌病病灶不仅局限在肺，也在气囊和气管中发生，还可转移到脑。曲霉菌在自然界广泛存在，在谷物和稻草中生长繁殖，鸽的饲料如玉米、小麦、高粱等保存不当，尤其在温暖潮湿的环境中，就很容易长霉，鸽舍不注意进行垫料的更换、舍内空气湿度大、通风性不好等均可引起该病的发生。

【流行特点】本病对各种年龄的鸽都易感，发病率和死亡率均较高；成年鸽常表现为呼吸道症状。本病的发生，几乎都与生长霉菌的环境有关，一旦感染、则会有大批病鸽发生。但以幼鸽的易感性最高，常成群发生急性爆发，成鸽常表现为散发，初生雏鸽的感染，是由于在孵化过程中污染了霉菌造成的。本病在梅雨季节最易发，常因饲料或垫料被曲霉菌污染。本病的传播途径是多方面的，鸽只要吸少量的曲霉菌孢子入气管，即可引起肺和气囊的感染。

【临床症状】本病一般分为急性型和慢性型两种。

急性型：又称为呼吸型或败血型，病初无明显症状，只见病鸽精神沉郁，嗜睡，食欲减少或废绝，对外界的反应淡漠，常有眼炎，重者分泌物为块状干酪样。如病程稍长，则见伸颈张口，呼吸困难，病鸽吸气时见颈部气囊明显扩张，呼吸时发出嘎嘎声。

慢性型：症状缓和，病鸽进行性消瘦，眼结膜和可视黏膜发绀，有白色或黄绿色腹泻物，有的可出现头颈歪扭的神经症状，最后衰竭而死。

【病理剖检】 急性呼吸型的病例，病变主要见于肺部和气囊。在肺部见有曲霉菌菌落和粟粒大至绿豆大黄白色或灰白色干酪样坏死组织所构成的结节，结节内容物呈豆渣样，其质地较硬，切面可见有层状结构，中心为干酪样坏死组织，内含菌丝体，呈丝绒状。严重病例呈败血型的病变，还可扩展到气囊，甚至肝肿大，呈灰黄色，质脆，肝表面密布针尖至粟粒大坏死结节。除肺和气囊外，在气管和支气管也能见到霉菌结节病灶，见两侧真菌性气管炎。有时在病鸽的消化器官如肠浆膜也发现霉菌结节病灶，嗉囊空虚，仅存少量稍浑浊稀薄液体，腺胃黏膜脱落，肌胃角质层下有条块状出血。肠黏膜充、出血。幼鸽的皮肤霉菌感染，常见为灰绿曲霉菌，感染部位呈黄色鳞状斑点，病区羽毛干枯，而且容易折断，死鸽表现极度消瘦。

【防　治】 加强饲养管理，搞好环境卫生，鸽舍内保持清洁干燥，通风良好；不喂发霉变质的饲料，水、料槽要经常清洗，保持垫料干燥无霉；另外，定期用1 500倍的碘溶液、2 000倍硫酸铜饮水。人工孵化时，防止孵化器受霉菌污染。发现病鸽，隔离饲养，清扫并消毒鸽笼、鸽舍，停喂霉变饲料。对于病鸽可采用如下方法：

①0.02%煌绿或结晶紫饮水，连用3天；早期可用0.1%煌绿或结晶紫肌内注射治疗，幼鸽0.1～0.2毫升，成年鸽0.4～0.8毫升，每天2次，连用3天。

②碘化钾饮水，剂量为每升水中加入5～10克。

③制霉菌素口服。每只鸽每次10～20毫克，每天2次，连用5～7天；大群治疗可按每1 000只鸽每次50万单位的剂量，拌料饲喂，每天2次，连用2天。

④克霉唑拌料，每100只鸽用1～2克；或1%～5%克霉唑软膏外用。

（九）支原体病

肉鸽支原体病又称霉形体病或鸽慢性呼吸道病，是由致病性支原体引起的呼吸道传染病，普遍存在于鸽群中、其主要特征是群体成员有严重的呼吸道症状，呈现呼吸啰音，气囊炎，严重时造成相当大的经济损失。

【病　原】　本病的病原为鸡败血支原体，为细小的球杆菌，大小为 0.25～0.5 微米。支原体对外界环境的抵抗力不强，一般常用消毒药均能将其杀死。加热 45℃、1 小时，50℃、20 分钟即可破坏，在室温下可保存 6 天，在水中很快死亡，在鸽粪中 20℃下可存活 1～3 天，在低温下存活时间长，-30℃可存活 1～2 年；青霉素，磺胺类药物对支原体无作用，但链霉素及广谱抗生素如土霉素，金霉素，红霉素，泰乐菌素有效。

【流行特点】　主要通过接触传播，也可以垂直传播。一年四季均可流行，但以寒冷及梅雨季节较为严重；各种年龄的鸽均可被感染，其中乳鸽最易发病。垂直传播是本病传递的主要途径，病鸽已康复而无明显症状的鸽群内，蛋的带菌率很低、但新发病的母鸽所产的蛋，其带菌率最高，疾病的传播也极为迅速。病鸽将病原体通过胚胎传给乳鸽，使之在鸽场中代代相传。带病的乳鸽若留种出场，本病就很快向外传播，引种时要注意。

【临床症状】　病鸽精神不振，食欲减退，繁殖力降低。本病的特点是有呼吸道啰音，气囊炎，病程长，死亡率低。病鸽有呼吸道啰音，夜间更为显著，常打喷嚏，颜面肿胀，间有咳嗽，呼吸困难，夜间常发出"咯咯"的喘鸣音、呼出气体带有恶臭味。重症鸽眼球突出，眼睛发炎，肿胀，流泪，眼角积有干酪样渗出物。病鸽发育生长受阻，逐渐消瘦，病程较长，最后因衰竭或喉头被干酪样物堵塞而死。

【病理剖检】　本病的典型病变是鼻、气管、支气管黏膜潮红，增厚，并有浆液性、脓性或干酪样分泌物。气囊黏膜除有混浊、增厚外，还有斑状或粒状干酪样物。病程长的病例还可出现滑膜肿胀、关节炎、关节内含有浑浊的液体或干酪样物。

【诊　断】　在诊断本病时，注意与鸟疫、鸽毛滴虫病、念珠菌病及曲霉菌病相区别。如需进一步确诊，可进行实验室检查。鸟疫有典型的眼结膜炎，而支原体病眼结膜炎极少，且极少呈急性经过，只有个别病例出现死亡。鸽毛滴虫病和念珠菌病：二者均侵害上消化道而非呼吸道，所以取口腔沉积物镜检可发现毛滴虫或念珠菌。曲霉菌病呼吸困难但没有鼻卡他等症状。

【预　防】　预防本病应特别注意留种鸽的自繁自养，防止由种蛋带入疾病或由病鸽传播疾病。引进种鸽时要进行隔离检查，确认无病后方可合群饲养或配对。鸽场平时要加强饲养管理，饲养密度不宜太高，鸽舍既要通风良好，又要防止受凉。同时，供给充足的营养成分，特别是维生素 A 要充足供给，以提高上呼吸道的抗病能力，尽量减少应激因素等。定期进行预防性投药，一旦发现病鸽，应隔离治疗或淘汰。

【治　疗】

饮水用药：复方泰乐菌素疗效显著，0.2% 浓度饮水，连用 3～5天。多西环素 0.05%～0.07% 浓度饮水、红霉素 0.01%～0.02% 浓度饮水，连用 3～5 天，一般 2～3 个疗程可控制本病。

保健砂用药：0.1%～0.2% 的土霉素；0.5% 的金霉素；0.01%～0.02% 的禽喘灵拌入保健砂中，连用 5 天。

口服给药：链霉素每只每次 50～100 毫克（5 万～10 万单位），每天 2 次，连用 4～6 天。四环素或金霉素，每只每次 0.1 克，每天 2 次，连用 4～6 天。

另外，庆大霉素、北里霉素及壮观霉素等药物对本病均有治疗作用。由于支原体易形成耐药性菌株，为防止产生抗药性，应注意用药要足够剂量，疗程不要太短，一般 3～7 天；同一鸽群不要长期使用单一药物，最好几种药物交替使用或联合使用。

（十）鸽念珠菌病

鸽念珠菌病又称鹅口疮、念珠菌口炎，是由白色念珠菌引起的一种散发性常见病，其特征是在口腔、咽、食管和嗉囊的黏膜生成白色的伪膜和溃疡。如遇到饲养管理不良或某些应激，可突然暴发，造成大批死亡。

【病　原】　本病的病原体为一白色念珠菌，是一种酵母样真菌，在培养基上能产生芽生孢子和假菌丝。菌落形态为白色、圆形、孔脂状隆起、边缘整齐。菌体小而椭圆长 2～4 微米，革兰氏染色阳性。

【流行特点】　此病多发生于温暖潮湿多雨季节。幼鸽和成年鸽都易感染此病，以 2 周龄至 2 月龄的幼鸽最易发生此病。病原体随着病鸽的粪便和口腔分泌物排出体外，污染周围的环境、饲料及饮水而感染其健康鸽。另外，本病也可通过污染了的蛋壳而传染。恶劣的环境卫生条件及鸽群的过分拥挤等不良因素均可诱发本病。

【临床症状】　病鸽呆滞，羽毛松乱，缩头闭眼，行走迟缓，食欲减少或废绝，渴欲增加。发病初期，鸽的口腔和咽喉内有灰白色斑点，继而溃疡、口烂，口中流出黏唾液，气味酸臭。嗉囊明显膨大和下垂，内容物充实或有波动感，张口呼吸，口内有白色疏松的具有酸臭味的干酪样物，排稀粪，肛门周围不洁，有的有眼炎。病鸽不能采食、饮水，消瘦，最后衰竭而死，病程 5～10 天。

【病理剖检】　病变主要在上消化道，嗉囊黏膜增厚，表面有灰白色坏死伪膜，干酪样鳞片状膜，易剥落，有一定硬度。

【诊　断】　本病在临床症状上常与溃疡症的口溃疡和鸽痘的白喉斑点相混淆，区别在于本病在咽喉上没有大的溃疡结节，体表也无任何痘痂。

【预　防】　日晒和干燥可有效地预防本病，时应注意保持鸽舍的清洁卫生，尽量使鸽舍通风、光亮和干燥，用具、饲料及饮水也应保持清洁卫生，定期检查鸽群。用 0.1% 硫酸铜溶液喷洒鸽舍，患鸽立即隔离治疗以切断水平传播。梅雨季节，1∶2 000的硫酸铜水溶液作为饮水，连用3～5天。避免谷物饲料霉变，用热碱水清洗所有的料槽和饮水容器。

【治　疗】　对大群可在每千克饲料中添加制霉菌素50～100毫克，连喂7天，并补充维生素A，可减轻病变的程度。饮水中加入0.02%的煌绿或结晶紫，每3天1个疗程，连用2个疗程，前后疗程中间停用2天。个别治疗时，可向病鸽嗉囊中灌入2%硼酸溶液进行消毒，用药棉蘸0.1%高锰酸钾液清洗伪膜，然后用牙签挑出口腔和咽喉内的黏附物，于溃疡外涂碘甘油或紫药水。对严重病鸽可于感染部位涂克霉唑软膏。

三、肉鸽的寄生虫病

（一）鸽球虫病

鸽球虫病是由多种球虫引起的一种肠道寄生性原虫病，可引起腹泻（水样稀粪）、肠道充血或出血、消瘦、生长发育缓慢，严重时能造成大批死亡，给养鸽业带来巨大的经济损失。

【病　原】　鸽球虫属于孢子虫纲、真球虫目、艾美耳科、艾美耳属原虫，属细胞内寄生虫。目前世界各国已报道的鸽艾美耳球虫有8种，其中国内主要流行优势种分别为拉氏艾美耳球虫和原鸽艾美耳球虫。

【流行特点】　鸽球虫病主要通过带有球虫卵囊的病鸽粪便污染的饲料、饮水由消化道感染。尤其在高温高湿季节，群养鸽舍潮湿、饲养密度大、温度适宜球虫卵囊的孵化。幼鸽发病率、死亡率高，成年鸽呈隐性感染，并不断向外排出卵囊，成为传染源。卵囊通过消化道进入鸽的肠道后，通过繁殖，产生大量的未孢子化卵囊，同时破坏肠壁细胞造成损伤，发生不同程度的炎症与肠道出血。

【临床症状】 鸽感染球虫病有亚临床型和急性型两种表现类型。

亚临床型：又称无症状型，多见于成鸽或病愈鸽。这些鸽常有不同程度的带虫现象和低水平的抵抗力，在饲养管理及外部环境好的情况下不表现病状，但排出球虫卵囊。

急性型：易出现在3月龄左右、没有足够免疫力的童鸽、青年鸽中。患鸽精神倦怠，羽毛松乱，食欲不振，渴欲增强，排带黏液水样粪便，重者可见血性腹泻，肛门周围有粪污，虚弱消瘦，死亡率在15%～20%。

【病理剖检】 主要病变是小肠黏膜增厚，发炎充血、出血、坏死；肠内容物稀薄，呈绿色或红色；肝肿大或有黄色坏死点。

【诊　断】 通过流行病学调查、临床症状、剖检变化初步判断，确诊需要实验室检查。用漂浮法检查粪便，可发现卵囊。

【预　防】 搞好鸽舍卫生，及时清除鸽粪，饲料及饮水避免被鸽粪污染，幼鸽和成年鸽应分群饲养，及时隔离病鸽，进行治疗，供给充足营养，多喂富含维生素A、B族维生素、维生素K的饲料，以减轻幼鸽发病程度。定期给鸽群投服预防性药物。

【治　疗】 治疗可以选用以下药物。氨丙啉：0.025%混合拌料，连喂4天；磺胺氯吡嗪钠：0.03%饮水，连用3～5天。磺胺喹噁啉钠：0.03%饮水，连用3～5天；地克珠利：每升水中添加0.1～0.2毫升（即每瓶20毫升对水200升），连用3～5天；马杜拉霉素：0.05%拌料，用3～5天。

（二）鸽毛滴虫病

鸽毛滴虫病又称鸽口腔溃疡病、鸽癀，是鸽的一种常见原虫病，是对养鸽业危害较严重的疾病之一。鸽毛滴虫寄生于鸽的上消化道，可引起鸽口腔黏膜溃疡，咽喉黏膜、消化道、肝脏等出现黄白色干酪样沉积物。病鸽呼吸困难，慢慢消瘦，最后衰竭而死亡。

【病　原】 该病病原属原生动物门，鞭毛虫纲，毛滴虫科，毛滴虫属，禽毛滴虫。禽毛滴虫为单细胞带鞭毛，显微镜下，毛滴虫呈梨形或椭圆形，长 5～9 微米，宽 2～9 微米。

【流行特点】 任何品种、年龄的鸽均可发病。病鸽是主要传染源，其口腔溃疡病灶内聚集大量虫体，口腔分泌物污染饮水和饲料，使健康鸽受到感染。成年鸽也可以通过接吻相互感染，种鸽可以通过哺喂而感染乳鸽，也可通过饮水及创伤感染。主要传染途径和寄生损害部位在上消化道。一般情况下，成年鸽多为无症状的带虫者，幼鸽可出现严重发病及死亡。其他疾病和应激因素可成为本病的诱因。

【症　状】 本病潜伏期 4～14 天。根据侵害部位不同，可分为咽型、内脏型和脐型，其中咽型最常见。7～12 日龄的幼鸽，口腔、咽喉和食管黏膜早期发红、粗糙，钮扣状的黄色沉着物。病变很快扩散到嗉囊，最后因不能采食、呼吸困难而饥饿或窒息死亡。病原也可通过未闭合的脐孔感染，形成皮下肿块，并可扩散到腹部，出现黄色干酪样坏死灶。成年鸽通常在喙角交界的口腔内侧有黄色干燥斑，病变可持续很长时间，成为带虫者，临床上不表现症状，但会通过鸽乳传递幼鸽。

【病理变化】 初期病变口腔中可见到浅绿色至浅黄色的黏液，并从口中流出，口腔黏膜上出现小的、界限分明的干酪样病灶。进一步发展，病鸽嘴角、咽、食管和嗉囊，黏膜有局灶性或弥漫性的黄白色、疏松样或脐状的干酪样物覆盖，表面粗糙不平，易剥离。病灶可扩展呈块状、长条状而堵塞食管。肌胃和肠道一般没有病变。内脏器官病变最常见的是肝脏，始于表面，后扩展到肝实质，呈现为硬的、白色至黄色的圆形或球形病灶。

【诊　断】 可根据咽型及内脏型的特征病变做出初步结论。最好是取喉部或嗉囊黏液涂片镜检，进行确诊。鸽毛滴虫病与念珠菌病和维生素 A 缺乏症口腔症状相似，有时与念珠菌病合并感染，应加以鉴别诊断。念珠菌病的病理变化特征是病鸽口腔、食管甚至嗉囊黏膜表面形成乳白色膜，与黏膜结合牢固，不易剥离，膜的表面粗糙如地毯样。维生素 A 缺乏症的病理变化特征是病鸽口腔，食管甚至嗉囊表面形成白色小脓包突于黏膜表面，并在中心部形成凹陷。

【防　治】　毛滴虫病为肉鸽养殖常见病，以预防为主。平时定期检查鸽群口腔有无带虫，最好每年定期检查数次，怀疑有病者，取其口腔黏液进行镜检。在饲养管理上，成年鸽与童鸽应分开饲养，有条件的成年鸽单栏饲养，幼鸽小群饲养，并注意饲料及饮水卫生。可见定期检疫净化、消毒和及时预防性投药，是控制本病发生的有效措施。发病后立即隔离病鸽，对鸽舍及用具进行清洗消毒。

发病治疗：0.05%结晶紫溶液或0.05%硫酸铜溶液饮水1周；0.05%二甲硝咪唑水，连用7天，停服3天，再饮7天；0.05%甲硝唑溶液饮水3天，间隔3天，再饮3天；饲料中添加0.5%大蒜素，定期使用，预防和治疗效果也比较好。在治疗的同时，在饲料中添加一些维生素和抗生素，可以提高机体抵抗力，防止继发感染。对少数病鸽可采用手术疗法：用消毒棉签蘸取生理盐水，将病鸽口腔中的伪膜软化并轻轻剥离干净，然后涂以5%碘甘油，每天1次；同时可用甲硝唑或二甲硝咪唑直接投喂，每只半片，每天2次，连续3~5天。

（三）鸽蛔虫病

蛔虫是鸽体内常见的寄生虫，其可引起鸽蛔虫病，各年龄段鸽均可感染发病，3个月龄以下鸽较为易感。但随着年龄的增长，蛔虫的感染机会增多，感染率增高。发病原因是鸽子吃了被虫卵污染过的饲料、饮水及泥土而引起。

【病　原】　本病病原为鸽蛔虫，属于线虫动物门、线虫纲、蛔虫目、蛔科。鸽蛔虫雄虫长50~70毫米，雌虫长20~95毫米。鸽蛔虫属直接发育型，雌虫在小肠内产卵，随粪便排出体外，在适宜的条件下，经过17~18天，卵内形成幼虫，幼虫蜕皮后仍留在卵内，即为感染性虫卵。感染性虫卵被鸽子食入，虫体在胃部或十二指肠孵出，寄生于小肠肠腔内，以后钻进肠黏膜，夺取营养物质，破坏肠壁细胞，影响肠的吸收转化功能，并产生有毒代谢产物，导致鸽发病以至死亡。

【流行特点】 各年龄段鸽蛔虫感染均较普遍，其中以刚分窝的童鸽最易感。鸽只有食入感染性虫卵才会患本病。饲料、饮水、保健砂、地面泥土垫料等被带有虫卵的粪便污染，是本病的主要传播途径。

【症　状】 本病症状的轻重与感染蛔虫的多少有关。轻度蛔虫感染的鸽，常不表现症状；蛔虫较多时，鸽的生长速度、生产性能和食欲等会明显下降，表现精神不振，食欲减退，贫血，消瘦，垂翅，啄食羽毛或异物，有时还会出现抽搐及头颈歪斜，甚至出现麻痹等症状。时间较长时，患鸽体重减轻，明显消瘦，严重的表现为便秘与腹泻交替，粪便中有时带血或黏液。

【剖检特征】 剖检病鸽是诊断本病的主要方法。患鸽肠道苍白、肿胀，小肠上段黏膜损伤，肠道内可见有数量不等的粉丝状蛔虫，多者可达几百条。有的蛔虫可穿透肠壁，在体内其他器官、部位寄生，并由此导致腹膜炎，肝出现线状或点状坏死灶。

【预　防】 患鸽即使驱虫成功，其肠道功能仍大受影响，因此定期采取措施控制蛔虫的感染极其重要。首先，要减少肉鸽与粪便接触时间，清除的鸽粪应集中堆肥发酵处理，以杀灭虫卵。平时要应尽量避免鸽粪污染饲料和饮水，定期清除粪便。注意饲料、饮水卫生，饮水器和料槽要常消毒，乳鸽出壳后要及时更换巢盆中的垫料。定期进行药物驱虫，幼龄鸽每3个月驱虫1次，成年鸽每年驱虫1～2次。

【治　疗】 可以选用以下药物驱虫。①盐酸左旋咪唑片，按25毫克/千克体重喂服群鸽；②丙硫咪唑按20毫克/千克体重，早晨空腹口服给药，也可拌于当天1/3的饲料中服用；③驱蛔灵（枸橼酸哌哔嗪）每天每只半片，晚上喂服，连用2次；④驱虫净（阿苯达唑预混剂）每吨饲料500克拌料，仅用1次。用药同时，0.1%敌百虫溶液消毒场地。在驱虫后增加饲料营养、鱼肝油、尽快恢复肠道创伤。对鸽子进行驱虫前，要使鸽子处于空腹或半空腹状态，或者在下午用半量饲料混药投服，以确保驱虫效果，最好隔1周再驱虫1次。

（四）鸽绦虫病

鸽绦虫病是肉鸽常见寄生虫病之一。寄生绦虫以头上的小钩和吸盘吸附在鸽肠壁上，鸽的消化吸收机能受到损害，病鸽就会逐渐消瘦、腹泻，影响生长发育和生产性能。

【病　原】　绦虫属扁形动物门，绦虫纲。鸽绦虫病最常见的是寄生在鸽十二指肠的节片戴文绦虫和寄生在鸽小肠的四角赖利绦虫、棘沟赖利绦虫3种。绦虫是一种扁平、带状、身体分节的寄生虫，虫体由头节和体节构成。绦虫头节上有吸盘附着在肠道被寄生部位，呈黄白色，从肠道内容物中吸取营养物质和排出有害的产物，使鸽子的消化吸收功能紊乱。

【流行特点】　绦虫生活史的特征是需要经过宿主的更换，需要一个或两个中间宿主参与。虫体每天都有1个或数个孕卵节片从虫体的后端脱落，随鸽粪排出体外，污染场地，为构成再次感染创造条件。节片戴文绦虫的中间宿主是蚰蜒和蜗牛等，而四角赖利绦虫的中间宿主是蚂蚁。因此，地面散养青年鸽或种鸽容易感染发病，笼养种鸽发病率较低。

【临床症状】　本病对幼鸽的感染率最高。轻微的绦虫感染，一般在临床上无症状表现，所以该病往往长期不被人们所重视。严重病例表现腹泻，粪便黏液状或泡沫状，粪中常有白色不透明绦虫体节。患鸽精神萎靡，站立不稳，居于一隅，羽毛无光不整，发育受阻，消瘦，两腿麻痹，有的会继发其他肠道疾患，严重者死亡。

【剖检特征】　小肠内黏液增多、恶臭，黏膜增厚，有出血点，严重感染时，虫体可阻塞肠道。棘盘赖利绦虫感染时，肠壁上可见中央凹陷的结节，结节内含黄褐色干酪样物。

【诊　断】　在粪便中可找到白色米粒样的孕卵节片，在夏季气温高时，可见节片向粪便周围蠕动，取此类孕节镜检，可发现大量虫卵。对部分重病鸽可做剖检诊断。

【预　防】　防治本病应注意鸽舍环境卫生，经常清除地面粪便，并堆肥发酵处理。尤其要注意周围环境的改善，清除鸽场周围的杂草、杂物，填平低洼潮湿地段，以减少甚至消灭蚂蚁、蜗牛等中间宿主的生存。同时还应对鸽群定期驱虫，每年至少 1～2 次。

【治　疗】　①丙硫咪唑：每千克体重 20 毫克，一次内服。②硫双二氯酚按鸽每千克体重 150～200 毫克拌料 1 次内服，4 天后再重复用药 1 次。③氯硝柳胺（灭绦灵），每千克体重 100～150 毫克，一次内服。④槟榔片，每只鸽用 1 克或按每千克体重 1～1.5 克，煎汁后早上空腹灌服（去掉针头的注射器），重症者再服 1 次。为慎重起见，在大群驱虫之前，最好先做少批驱虫试验，然后全群驱虫。

（五）鸽虱病

虱属于节肢动物门，昆虫纲，食毛目，是家禽常见外寄生虫。鸽虱病是由多种虱寄生在鸽体表，以羽毛、皮屑为食或吸血，对肉鸽养殖危害极大，严重影响禽群健康和生产性能，常造成很大的经济损失。

【病原与生活史】　鸽虱有 11 种，常见的有长羽虱、大羽虱和绒毛虱。虱为半变态昆虫，虫体小，长 0.5～0.6 毫米，头、胸、腹分界明显，体型扁宽或细长，雌虫产卵时借尾端的生殖足与副性腺分泌的分泌物将卵胶粘于羽毛的基部。孵卵期 1 周左右，稚虫在卵内发育完成之后，即顶开卵盖爬出。刚孵出的稚虫比成虫小得多，经 2～4 周 3～5 次蜕皮之后成为成虫。从虱卵发育至成虫一般需 1 个月左右。每一种虱都有它一定的宿主，但是一种宿主可能被数种以上的虱寄生，而且各种虱在同一宿主体外常有一定的寄生部位。

【流行特点】　虱对不良环境条件抵抗力较差，但繁殖能力很强，寿命为几个月。若脱离开禽体，则 2～5 天后死亡。鸽与鸽密切接触可相互传播，或通过公共用具间接传播。一年四季均可发生，但在秋、冬季节多发，因秋冬鸽子羽毛较夏季的浓密，羽毛下的温度和湿度适于羽虱的发育和繁殖。

【症　状】　大量寄生时，鸽子常表现不安，用喙啄羽毛，用爪去抓痒，造成鸽虱寄生部位羽毛脱落、皮肤损伤、继发湿疹、脓疱疮等，严重时引起全身脱毛。由于不良刺激，鸽子表现食欲不振，睡眠不安。长期刺激会导致鸽子营养不良、贫血、皮肤感染、体质衰弱、消瘦等慢性病变，严重时可引起死亡。

【诊　断】　根据明显的临床症状和发现大量羽虱、虱卵即可做出诊断。

【防　治】　平时应注意搞好鸽舍内、外环境卫生，用杀虫剂定期喷施笼具及周围环境，搞好饲养管理和鸽舍的通风干燥。对新引进的种鸽必须检疫，如发现有鸽虱寄生，应先隔离治疗，痊愈后才能混群饲养，这一点很关键。坚持常给鸽洗浴，清洁皮肤，并定期在浴水中加入杀虫剂。在鸽虱流行的养鸽场，可选用 0.02% 胺丙畏、0.2% 敌百虫水溶液、0.03% 除虫菊酯、0.01% 溴氰菊酯、0.01% 氰戊菊酯等药液喷洒鸽舍、产蛋箱、地面及用具等，杀灭其上面的鸽虱。2%～5% 烟叶煎剂或烟叶末，喷洒鸽身和巢箱，能杀死虱，且能保持很长时间不受虱的感染。

（六）鸽 螨 病

鸽螨病是由蜱螨目的各科（刺皮螨科、疥螨科）螨虫寄生于鸽体表或表皮内所引起的慢性皮肤病。该病以接触方式传播，能够引起宿主剧烈的痒感及各种类型的皮肤炎症。

【病原与生活史】　寄生于鸽的螨常见有鸡刺皮螨、羽管螨、气囊螨、鳞足螨、体疥螨等。各种螨的体型构造相似，有 4 对足，虫体呈椭圆形或圆形，腹面扁平，有触须和口伸出体外。雌虫比雄虫大；雌虫排卵后，卵便逐渐孵出幼虫，经过 1～2 次蜕皮发育成若虫，再经2～3次蜕皮变为成虫。鸽是螨的常驻宿主。一般寄生于羽毛、羽毛囊、皮下组织和腿的鳞片下面。视种类不同，以吸血、咬食组织或羽毛为生。

【症　状】　由于螨的种类不同，其寄生部位和所引起的临床症状也不相同。

（1）**鸡刺皮螨**　也称红螨（血螨），是一种吸血螨，夜间宿在鸽体，白天逃离。对乳鸽和幼鸽危害大，引起夜间烦躁不安，造成贫血和生长受阻，使鸽的可视黏膜呈黄色（正常是淡红色）。它也是鸽痘和血变原虫的主要传播者。

（2）**体疥螨**　寄生于鸽子的腹部、背部、腿和尾部的皮肤内，致使皮肤产生似痂皮疥癣状皮疹。病鸽有明显的痒感，羽毛脱落，机体衰弱。

（3）**鳞足螨**　寄生在鸽腿部无毛处角质鳞片下的组织中，以组织和体液为生，使皮肤发炎和增厚，形成石灰状的鳞状结痂，造成鸽子走路困难。

（4）**羽管螨**　主要寄生在肉鸽翼羽和尾羽的羽管部。对鸽有轻微的损害，主要侵害换羽时的新生羽芽，影响羽毛生长。

（5）**气囊螨**　寄生在气囊和呼吸道，呈微细、光亮的沙粒状，寄生在气囊中容易被忽视。引起鸽子食欲不振，发生气喘，频频打喷嚏，呼吸困难。气囊内还充满黏稠的液体。

【诊　断】　根据临床症状，在宿主体表或窝巢等处发现虫体即可确诊，但虫体较小且爬动很快，若不注意则不易发现。同时，收集羽毛或组织样本，用低倍显微镜观察螨形态，进行分类鉴定。

【防　治】　预防上要经常保持鸽舍的干燥和清洁，定期消毒，在地面上撒布石灰防潮消毒。另外，夏季每隔4～6周、冬季每隔2～3个月，用0.5%敌百虫喷洒鸽舍1次，这是对付体外寄生虫的最好办法。

治疗可选用以下药物治疗。

（1）**撒粉法**　将药物配成粉状，散布于鸽体羽毛下。一般可用硫磺粉 10 克、滑石粉 90 克，混匀后撒布患处，连用 3～5 天。同时撒布在栖架、窝巢、鸽箱、墙壁和地面等处。

（2）**水浴法**　天气晴暖时采用，洗浴液可以选用：① 0.1%～0.15% 敌百虫溶液；② 0.05%～0.1% 氰戊菊酯乳油剂溶液；③硫磺 62 克，肥皂 31 克加温水（30℃～38℃）2.5 千克，混均匀；④ 0.2% 辛硫磷溶液。注意：浸浴时操作人员应戴长橡皮手套；应在鸽子喂足饮水后再进行水浴，水浴时间 15 分钟左右；洗浴容器最好用塑料桶，将鸽子逐只浸入水中，留出头部；隔 1 周后，再浸入 1 次。

（3）**注射法**　0.3% 氰戊菊酯溶液、阿维菌素（依维菌素），按每千克体重皮下注射 0.2 毫克。

（4）**涂抹法**　对石灰脚（即鳞足螨）的治疗，可先除净增生物（将病鸽的脚浸入温热的肥皂水中，使痂皮变软，除去痂皮），用 0.1% 乐杀螨溶液涂擦患处等，或用 20% 硫磺软膏或 2% 石炭酸软膏涂擦患处，1 天 3 次，连用 3～5 天。或每天用 0.25%～0.5% 辛硫磷溶液浸没腿部 10 分钟，连续浸至痊愈。

四、肉鸽普通病与中毒病

（一）鸽 眼 炎

鸽眼炎症是指鸽的结膜炎和角膜炎等炎症。本病多见于幼鸽。

【病　因】　鸽眼炎的发病原因有：①换羽季节或秋冬干燥季节，鸽群饲养密度太大，给料时鸽群争食扬起飞尘进入眼内，感染发炎；②不同月龄的青年鸽混养在一起，大鸽欺侮小鸽，强鸽啄咬弱小鸽，或公鸽争夺配偶啄伤眼睛，感染发炎；③维生素 A 缺乏症、鸽舍刺激性气体侵害，造成眼炎。上述原因引起的眼炎与某些传染病如鸟疫、败血支原体病等的眼炎不同，它们一般不会引起鸽的全身症状和病变。

【临床症状】　眼炎多见于 1～3 月龄的鸽子，常发生于一侧眼睛。病初表现眼无神，眼圈湿润，眼睑肿胀，眼结膜充血、潮红或见有伤痕；后期变成黏液性或脓性分泌物，眼睑黏液甚多以至封闭眼睛，如把眼睑翻开，即可见黄色块状分泌物。有时还会引起不同程度的角膜混浊和缺损，即角膜表面有一层云雾状灰白色斑，严重的角膜糜烂，穿孔失明，有的眼球突出，最后导致眼球萎缩。病鸽还表现因眼睛不适而在背部羽毛上摩擦，或用脚趾抓眼，造成眼附近羽毛脏湿，鼻瘤污秽。单纯性眼炎一般呈良性经过，失明者甚少。如治疗及时、恰当，则数天可愈。

【防　治】　无论是结膜炎或角膜炎，应分析和查找病因，然后采取相应措施。主要是加强饲养管理，保持鸽舍的环境卫生，保持空气清新，防止尘土飞扬；饲料营养要合理搭配，注意补充维生素 A。治疗方法：对病鸽可用生理盐水或 2% 硼酸水洗眼，清除眼内分泌物，再涂上四环素、金霉素软膏，每天 2～3 次，直至治愈。另外，每天口服鱼肝油 2 滴，以补充维生素 A。也可用醋酸可的松眼药水滴眼，每天数次。中药方剂可试用：菊花 7 克，谷精草 8 克，夏枯草 8 克，白蒺藜 8 克，夜明砂 7 克，龙胆草 8 克，青葙子 8 克，甘草 4 克。煎水供 10 只成年鸽饮用，每天 1 剂，连服 3～5 剂。

（二）嗉 囊 炎

通常说的嗉囊炎有软嗉病、硬嗉病和嗉囊积液，病程有急性和慢性之分。嗉囊炎一般因嗉囊创伤或病原微生物感染，以及采食一些难以消化的食物等，也可继发于口炎、食管炎或毛滴虫、念珠菌等病。手触嗉囊有局部温度升高和痛感，患病鸽子精神不振或不安，不愿采食和饮水，严重时还可出现呼吸困难等症状。

【病　因】

（1）细菌感染　肉鸽所采食的日粮有轻微霉变或饮水被沙门氏菌、大肠杆菌等污染。鸽群精神状态尚好，采食、饮水正常，但有部分鸽子出现呕吐、腹泻现象，粪便恶臭。如不及时采取措施则可能导致"软嗉病"的发生。

（2）**消化不良**　短期断料（1～2天）后恢复喂料，一次采食过多，而饮水又相对不足以致发生硬嗉病，或误食发霉变质的饲料，不易消化的羽毛等。

（3）**长途运输**　青年鸽引种经过长途运输所发生的嗉囊炎是由于运输笼拥挤产生的应激反应，车厢环境闷热影响到青年鸽的消化功能，致使饲料滞留在嗉囊里发酵、发酸、发臭。

（4）**病毒感染**　嗉囊炎也可继发于某些病毒性传染病，如腺病毒感染、鸽新城疫等。

（5）**嗉囊积液**　往往是由于采食高盐、高钙保健砂，使鸽子频繁饮水导致嗉囊积液。

【临床症状】　本病大多呈急性经过，快的数小时死亡。如病期延长，则转变为慢性，嗉囊常常膨大而下垂。

硬嗉病：表现精神沉郁，食欲减退或废绝，饮欲增加，口中发出酸臭味，不愿活动。嗉囊膨起，内部充满食物，触之有坚实感。有的病鸽张口有恶臭的液体流出，因扩张的嗉囊压迫气管而出现呼吸困难，最后因消化及呼吸障碍而死亡。

软嗉病：病鸽精神委顿、食欲减少或废绝，口渴、羽毛粗乱、竖立，常坐着打呵欠。由于嗉囊内的饲料发酵产气，致嗉囊膨胀，突出于颈的下方。嗉囊内食物不多，但充满液体和气体，常从口、鼻流出污黄色含有气泡而恶臭的浆液和黏液，并发出酸败气味。严重的病鸽，头颈部反复伸直，下咽困难，频频张嘴，呼吸困难，由于消化功能紊乱，营养障碍而迅速消瘦衰竭，往往窒息而死。

嗉囊积液：手触患鸽的嗉囊有波动感，患病鸽子精神不振、食欲不佳、口气酸臭。继发于传染病或寄生虫病的患病鸽子还可出现呼吸困难、运动失调等症状。

【病理剖解】　手触嗉囊如面团，按摩嗉囊时可挤出酸臭液体，或有臭味的气体。硬嗉病对病死鸽剖检发现，嗉囊中有大量粗硬、干燥的粒料堆积，内容物坚实，嗉囊壁弛缓而胀满。

【防　治】　软嗉囊病鸽只要把发酵的食糜倒空以后，清洗嗉囊就可以了。嗉囊积食较多硬嗉病，需要隔离饲养、停喂 1 天，等消化完了再进食。如没有消化，用矿泉水灌入嗉囊，用手指按摩嗉囊内的积食，捏散嗉囊内已发酵的食糜，使之软化成糊状，然后倒提鸽子，鸽头向下，手掌压迫嗉囊将积食全部挤出。嗉囊积食排除以后，用 2% 硼酸水或苏打水用针筒注入嗉囊反复冲洗，并停水、禁食 24 小时，然后喂以容易消化的食物，如用开水泡软的面包、糙米等小颗粒饲料，并控食 1 周。

手术疗法：如嗉囊里的食糜捏不散，倒不出，就用手术治疗。先在嗉囊外部拔掉一撮羽毛，用酒精在皮肤上消毒．再用手术刀把嗉囊切一个 2 厘米开口，轻轻把食糜挖出来，挖空以后清洗嗉囊、先后缝合嗉囊与皮肤，手术后禁食 24 小时，以后喂以易消化食物。

为了恢复肉鸽的消化功能，可灌服"异功散"，功效为益气健脾，行气化滞。方剂组成：党参 30 克、炒白术 30 克，茯苓 30 克，陈皮 30 克，炙甘草 15 克。用法：水煎 2 次，混合药液，灌服（100羽肉鸽的用量）。每天 1 剂，连用 3 天。

（三）食盐中毒

食盐肉鸽日粮中不可缺少的成分，在维持机体的电解质代谢平衡、渗透压稳定及体液的酸碱平衡中起重要作用。鸽子对食盐的需要量，一般占日粮的 0.3%～0.5%，通过添加在保健砂中供给。缺乏食盐时出现食欲不振，采食减少，饲料消化利用率降低，常发生啄癖，童鸽和青年鸽生长发育不良，亲鸽产蛋减少。当肉鸽食入过量的食盐时，会很快出现严重的毒性反应，特别是幼鸽更为敏感。

【病　因】　保健砂中含盐量过高（一般添加量为 4%～5%），如保健砂原料混合不均，肉鸽饮水不足，都可造成食盐中毒。

【临床症状】　轻度中毒，肉鸽饮欲增加，大量饮水，粪便稀薄，常可见粪便中有水淌出；重度中毒，病禽精神沉郁，食欲废绝，饮欲增加，不停喝水，从口、鼻流出大量黏液，嗉囊胀大，站立不稳或瘫痪在地，后期常出现昏迷、呼吸困难及头颈弯曲、仰卧抽搐等神经症状。最后因呼吸衰竭、脱水而死亡。

【病理变化】 病鸽皮下组织水肿，心包积液，肺水肿，腹腔积液，胃肠道黏膜充血、出血，肾脏和输尿管有尿酸盐沉积，脑膜血管充血。

【诊　断】 根据病史调查，临床症状，饲养管理情况及病理变化等一般可以做出初步诊断，确诊应对保健砂中食盐含量进行化验。

【防治措施】 如果怀疑肉鸽发生食盐中毒，应该立即停喂保健砂，并将保健砂样品送往相关部门进行化验。轻度中毒时，应供给病鸽充足饮水，在饮水中加入5%的葡萄糖和适量的维生素C制剂，以利解毒。一般可迅速恢复正常。重度中毒的急性病例，用20%安钠咖注射液肌内注射，剂量为每只0.1～0.2毫升。

（四）有机磷农药中毒

由于农药的普遍应用，当肉鸽误食稍多的含有有机磷农药的颗粒原粮会引起中毒，或者使用有机磷农药喷洒鸽舍时喷入饮水中可引起中毒。有时在肉鸽药浴时会用到有机磷农药（如敌百虫），肉鸽误饮中毒。有机磷主要使副交感神经过度兴奋，故中毒鸽表现大量流涎、流泪、流涕、腹泻、呼吸加快等。

【病　因】 有机磷中毒的发生原因主要有下列几方面：使用被有机磷污染的饲料或水源；饲喂刚施药不久便收获的作物饲料；体外驱虫选药不当或用量过大，施药不得法等。

【临床症状】 急性中毒时，表现无目的地飞动或奔走，食欲下降或废绝，流泪或流涎，瞳孔缩小，呼吸困难，可视黏膜暗红，精神沉郁，颤抖，排粪频繁，头颈不由自主地向腹部弯曲。后期不能站立，抽搐，昏迷。最后衰竭死亡。

【病理剖检】 死亡肉鸽可见皮下或肌肉有点状出血，上消化道内容物有大蒜味，胃肠黏膜有炎症；喉、气管内充满带气泡的黏液，腹腔积液，肝、肾土黄色，肺淤血、水肿，心肌及心冠有出血点。

【防　治】　鸽场应注意有机磷农药的保管、贮存、使用方法、使用剂量及安全的要求。鸽场及附近使用此类农药时，要严防饲料和饮水受农药的污染。鸽舍内灭蚊时，注意尽量不使用有机磷农药，应选用天然除虫剂一类的灭蚊药，消灭鸽虱、鸽螨时，也要尽可能不使用敌百虫等。

一旦发生急性中毒，应及时采取措施。应立即停止使用可疑的饲料和饮水，并内服催吐药或切开嗉囊，排出含毒饲料，灌服 0.1% 硫酸铜或 0.1% 高锰酸钾溶液，或使用颠茄酊喂服 0.01～0.1 毫升。也可用植物油、蓖麻油或液状石蜡等泻剂，促进腹泻来排毒，以缓解中毒症状。对个别中毒严重的鸽，可注射特效解毒药，如 4% 解磷定注射液按每千克体重 0.2～0.5 毫升，一次肌内注射；25% 氯解磷定注射液，每只鸽 1 毫升，肌内注射硫酸阿托品，每只鸽 0.1～0.2 毫升，可缓解肠道痉挛和瞳孔缩小。对还未出现症状的鸽子，也可口服阿托品片加以预防。另外，饲料中增加多种维生素添加剂，并用维生素 C 和葡萄糖液饮水，有助于机体康复。

（五）一氧化碳中毒

一氧化碳俗称煤气，是由于煤炭或木炭在氧气供应不足的状态下，不完全燃烧所产生的。本病多见于北方冬季肉鸽养殖，特别是乳鸽人工哺喂鸽舍。一氧化碳与血红蛋白的亲和力比氧与血红蛋白的亲和力高 200～300 倍，所以一氧化碳极易与血红蛋白结合，使血红蛋白丧失携氧的能力和作用，造成组织缺氧。一氧化碳对全身的组织细胞均有毒性作用，尤其是对大脑皮质的影响最为严重。

【病　因】　一氧化碳是无色、无味、无刺激性气体。我国北方，在环境温度较低的冬季或早春，鸽舍和育肥舍常用煤炉或木炭炉加温，由于门窗紧闭无通风口、通风不良，或烟囱堵塞、倒烟，导致鸽舍内空气中一氧化碳浓度过高，引起中毒。一般情况下，只要空气中含有 0.1%～0.2% 的一氧化碳时，就会引起中毒症状；当一氧化碳含量超过 3% 时，可使肉鸽急性中毒而窒息死亡。如果肉鸽长期饲养在低浓度的一氧化碳气体环境中，易造成生长迟缓、免疫功能下降等慢性中毒。

【临床症状】 轻度中毒者，病鸽呈现呕吐、咳嗽、流泪、心动疾速、呼吸困难，此时，如能让其呼吸新鲜空气，不经任何治疗即可得到康复。重度中毒，病鸽表现烦躁不安，不久转入呆立、昏睡或瘫痪，呼吸困难，头向后仰，若不及时救治，则导致呼吸和心脏麻痹死亡，死前发生痉挛和惊厥。如若环境空气未彻底改善，则转入亚急性或慢性中毒，病禽表现精神沉郁，不活跃，食欲减退，羽毛蓬松，生长缓慢，容易诱发上呼吸道和其他群发病。

【病理变化】 剖检可见血管和各脏器内的血液呈鲜红色，尤其是肺、心均呈樱桃红色，各脏器表面尤其是肝、脾、心、肺和血管有点状小出血点。若病程长、慢性中毒者，则其心、肝、脾等器官体积增大，有时可发现心肌纤维坏死，大脑有组织学改变。

【诊　断】 根据鸽舍冬季生煤火炉排烟不良，饲养人员有头晕感及临床上群发症状和特征病理变化即可诊断。如能化验病鸽血液内的碳氧血红蛋白则更有助于本病的确诊。

【防　治】 本病主要在于预防，煤炉加温的鸽舍和人工哺喂室应有通风装置，以保持通风良好、适宜温度。发现中毒时，最好迅速将鸽群转移到另一间空气新鲜、温度适宜的舍内。无此条件时，要迅速打开门窗换气，同时抢修煤炉，解决供暖问题。严重中毒者，也可皮下注射少量生理盐水或5%葡萄糖注射液及强心剂对症治疗。

（六）高锰酸钾中毒

高锰酸钾是肉鸽养殖场常用的消毒剂，用于料槽、饮水器、孵化巢盆的消毒，也可以用于肉鸽洗澡水消毒以及伤口清洗消毒。在饮水中加入适量高锰酸钾可以达到饮水消毒目的，预防肠炎腹泻。生产中，如果肉鸽饮用高浓度高锰酸钾溶液，会对消化道会产生刺激和腐蚀作用，甚至引起中毒症状。

【病　因】　引起高锰酸钾中毒的原因，多是通过内服途径造成的。肉鸽洗澡水中高锰酸钾浓度过高（0.05%为宜），出现误饮。饮水中浓度过高（超过0.02%），且高锰酸钾饮水过于频繁，长期饮用。配制饮水时，药物未完全溶解而饮用等。

【症　状】　羽毛蓬松、脚软、头颈伸长着笼底，鼻瘤污秽潮湿、色泽暗淡，大群鸽精神沉郁，食欲明显下降甚至废绝。大多数肉鸽表现不同程度腹泻，嘴角流有黏液，嗉囊附近羽毛潮湿。病鸽死亡前大多表现呼吸困难。

【病理剖检】　剖检可见消化道黏膜（特别是食管、嗉囊）深褐色或黑褐色，严重时形成弥漫性或局灶性溃疡或腐烂，有的还有出血斑点。口腔、舌、咽部呈褐色，食管、嗉囊，甚至腺胃黏膜也被腐蚀和不同程度出血，严重的病鸽嗉囊可穿孔。

【诊　断】　了解病史和用药情况，鸽群在供给高锰酸钾饮水前健康状况良好。根据水槽内的高锰酸钾溶液呈现紫褐色程度，判定其浓度，调查连续饮用高锰酸钾水的时间。根据症状和病理剖检，可初步确诊。

【防　治】　在使用高锰酸钾饮水时，应准确计算用量，并掌握供给次数，而且使用过程中应密切观察鸽群状态。发现疑似中毒，立即全部清除水槽内高锰酸钾水溶液，并冲洗干净。紧急投喂高糖奶粉液或新鲜牛奶，少数严重鸽给予人工灌服鸡蛋清后再喂高糖奶粉液。立即供给清洁的饮水，并在其中加入多种维生素等营养物质。保健砂中拌入一定的酵母片、乳酶生以恢复肠道菌群。